# 广西当代地域性建筑

玉潘亮 著

中国建筑工业出版社

**图书在版编目（CIP）数据**

广西当代地域性建筑／玉潘亮著．—北京：中国建筑工
业出版社，2015.11
ISBN 978-7-112-18562-7

Ⅰ．①广… Ⅱ．①玉… Ⅲ．①建筑艺术－研究－广西
Ⅳ．①TU-862

中国版本图书馆CIP数据核字（2015）第248982号

责任编辑：张　华
书籍设计：锋尚制版
责任校对：李欣慰　李美娜

**广西当代地域性建筑**

玉潘亮　著

\*

中国建筑工业出版社出版、发行（北京西郊百万庄）
各地新华书店、建筑书店经销
北京锋尚制版有限公司制版
北京方嘉彩色印刷有限责任公司印刷

\*

开本：787×1092毫米　1/16　印张：11¾　字数：241千字
2016年8月第一版　2016年8月第一次印刷
定价：**78.00元**
ISBN 978 - 7 - 112 - 18562 - 7
　　　　（27675）

**版权所有　翻印必究**
如有印装质量问题，可寄本社退换
（邮政编码 100037）

广西壮族自治区地处岭南地区，因其独特的地理地形和气候特征，传统建筑有着自身显著的地域特色。新中国成立后的半个多世纪中，广西本土建筑师对广西当代地域性建筑的发展做出了不懈的努力和探索，也出现了一些优秀的地域性建筑设计作品，如20世纪60~70年代诞生的广西体育馆、广西博物馆、桂林榕湖饭店、芦笛岩风景建筑等，在国内建筑界产生了一定的影响。但整体而言，仍缺乏系统的建筑创作理论体系。如何在新的时代背景下，以广西前辈建筑师们所做的实践探索为基础，对广西当代地域性建筑创作手法进行创新，使具有广西地域特色的新建筑走上持续发展之路，是当代广西建筑师应当给予积极关注的问题。

笔者曾就职于华蓝设计（集团）有限公司（原广西建筑综合设计研究院）从事建筑创作十余载，参与了广西体育中心游泳跳水馆、广西区政协活动会馆等众多项目的建筑创作，发现在当前广西的建筑创作中，存在一些创作的误区和问题。本书以广西当代建筑创作为起点，对广西当代地域性建筑实践的发展历程及现状进行梳理，对前辈建筑师的成功经验进行归纳，同时结合作者创作思路和方法进行一次系统的总结，以期能抛砖引玉，引起对广西当代地域性建筑创作方法研究的重视。

# 目 录

绪 论

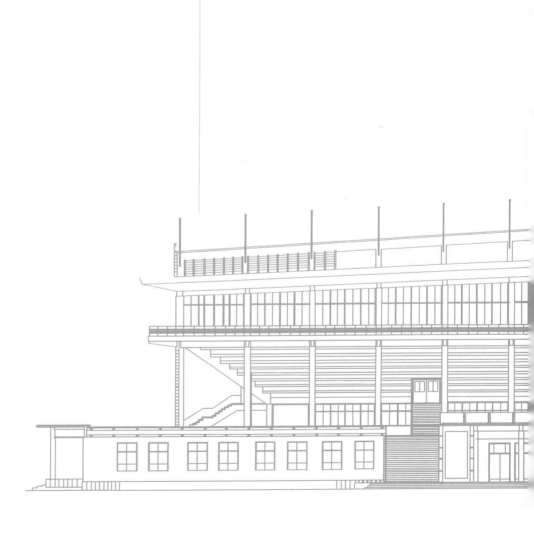

一

广西壮族自治区具有鲜明的自然环境、悠久的发展历史以及独特的民族文化。在当前北部湾经济区建设、西部大开发等国家发展战略的推动下，广西文化的本土意识及地域特征逐渐得到重视和发掘。建筑创作作为地域文化创新的重要途径之一，其地位也日益提高。在过去的半个多世纪中，广西本土建筑师对如何进行建筑的地域性发展做出了不懈的探索，也涌现出一些优秀的地域性建筑设计作品。但是随着时代的发展，广西的经济社会发展水平与前辈建筑师进行创作的时代背景已经有了很大的变化。在新的时代背景下，随着经济水平的不断提高，新的建筑材料和建筑技术层出不穷，为广西的地域性建筑发展创造了很好的条件，但是在地域性建筑创作中出现了一些误区和问题，导致广西建筑的地域特色消失。广西当代建筑如何在这种新的形势下既保有地域特色，又能体现出应有的时代性，需要我们不断在建筑创作中进行持续的思考，不仅要继承前辈建筑师的积累，更要应对当前的形势对建筑的地域性表达方式进行新的尝试与探索。

二

20世纪20~30年代，欧洲的现代主义建筑思潮逐渐成熟，并在美国传播和发展，至20世纪50~60年代国际式建筑遍布全球，但同时也造成了文化的日益趋同和建筑特色的消失。在这种情况下，地域主义的思想又逐渐回归到人们的视线，成为当今建筑界的主流思想之一。

1947年，美国社会哲学家、宾夕法尼亚大学城市规划教授刘易斯·芒福德（Lewis Mumford）在美国《纽约客》杂志天际线专栏里批评国际式风格（International style），并提出"地域主义建筑师"的概念，他认为由伯纳德·梅贝克（Bernard Maybeck）和威廉·武斯特（William Wuester）设计的美国加利福尼亚州旧金山海湾地区建筑学校"具有本国特征并且带有人情味的现代主义建筑形态"[①]，比风靡一时的国际式风格更为优越。

20世纪50~60年代，越来越多的建筑师开始关注建筑的地域性。如1954年，瑞士历史学家及建筑评论家S·吉迪翁（Sigfried Giedion）在美国《建筑实录》杂志上发表文章《新地域主义》（New-regionalism），指出建筑与地域存在某种关联；1957年，美国建筑师J·斯特林（James Sterling）发表了《论地域主义与现代建筑》，明确地将地域主义与国际式相提并论；1959年，瑞典建筑师R·厄斯金（Ralph Erskine）在国际现代建筑协会

---

① 亚历山大·楚尼斯，利亚纳·勒费夫尔. 批判性地域主义——全球化世界中的建筑及其特性[M]. 王丙辰译. 北京：中国建筑工业出版社，2007：15.

（CIAM）于荷兰奥特洛（Otterlo）召开的会议上阐述其地域主义的观念：地域主义并非狭隘的民族主义，而应融入现代建筑；1964年，伯纳德·鲁道夫斯基（Bernard Rudofsky）在纽约现代艺术博物馆举办了题为"没有建筑师的建筑"的主题展览，并出版了同名著作，介绍世界各地的乡土建筑，推动了地域性建筑的探索研究。但这一时期地域主义仍未形成系统化的理论体系。

1981年，批判性地域主义（Critical Regionalism）的出现标志着地域主义的理论进入一个新时期，其概念最初是由希腊建筑理论家A·楚尼斯（Alexander Tzonis）及其夫人L·勒费夫尔（Liane Lefaivre）在《网络与路径》（The Grid and the Pathway）一文中提出，指的是一种利用建筑物所在的地理文脉（Geographical context）信息反对现代建筑中出现的没有归属性（Identity）和无位置感（Placelessness）的理论态度。楚尼斯认为批判地域主义无须直接从文脉中得出，元素可以从文脉中提取出来用在不熟悉的地方，目的是要凸现一种断裂感和位置感的丧失。楚尼斯也在他的文章中提出了regionalist与regional的区别，与地域主义和地方的（vernacular）直接复古主义的区别大致相同，并将regionalist定义为一种主动建构群体身份的意向，而非简单的既有的群体身份特征。楚尼斯将地域主义称为"本质上是一种现实主义"（Re-gion-alism），以区别传统的地域主义，并表达出对一种全球化、统一形式的现代主义（国际主义）与假托古典的、虚伪的后现代主义（表皮主义）的反抗。通过强调"特例性""地域性"，楚尼斯试图将建筑设计的视角从现代主义的理性与后现代主义的"历史"两种思维游戏中解脱出来，而将眼光放在当下的"时刻"与"人文地理"上，关注一个地点的独特性进而发掘其性格。"批判的"也可译为"关键的""临界的"，传递的是一种关注具体环境的务实的态度以及一种小心翼翼地在两大压倒性的理论中间寻求新出路的姿态。

1983年，美国建筑历史学家和评论家肯尼斯·弗兰姆普敦（Kenneth Frampton）发表了《走向批判的地域主义》和《批判的地域主义面面观》等文章，将批判的地域主义作为一种系统的建筑思想理论来探讨。1985年弗兰姆普敦在《现代建筑———一部批判的历史》一书中，进一步将批判性地域主义思想加以总结：（1）批判的地域主义应当被理解为一种边缘性的实践；（2）批判的地域主义强调的是使建造在场地上的结构物能建立起一种领域感；（3）批判的地域主义倾向于把建筑体现为一种构筑现实，而不是把建造环境还原为一系列杂乱无章的布景式插曲；（4）批判性地域主义总是强调某些与场地相关的特殊因素，如场地、气候和光线等；（5）批判性地域主义认识到人们对环境的体验不限于视觉，强调触觉与视觉相当；（6）批判性地域主义倾向于创造一种以地域为基础的"世界文化"；（7）批判的地域主义倾向于在那些以某种方式逃避了普世文明优化冲击的文化间隙中获得繁荣。[①]

1990年以后，全球化（Globalization）的影响让地域主义逐步发展为"全球性地域建筑"（Glocal Architecture）概念。glo是globe的缩写，指全球；cal是local的缩写，指地方，即"思维全球化，行动地域化"（Thinking Globally，acting locally）：一方面，由于交通和信息传媒的快速发展导致地域差异缩小和文化趋同现象；另一方面，建筑设计更加注重地域特征和文化回归。当代地域性建筑既应当是全球性的建筑也是具备地方特色的新建筑，对世界文化的吸取和对地域文化的追求是一种辩证统一的关系。

自新中国成立以来，国内建筑界一直致力于对中国当代建筑创作中地域性表达的探索和研究。

1953年，梁思成先生在中国建筑学会成立大会上做了《建筑艺术中社会主义现实主义的问题》的发言，提出以中国传统建筑的法式为设计依据，推崇运用民族形式。这一理念的代表作品有1954年建成的重庆西南大会堂、厦门大学建南楼群等。

1959年，建筑工程部和中国建筑学会在上海召开了"住宅建筑标准及建筑艺术问题座谈会"，会上梁思成先生做了《从"适用、经济、在可能条件下注意美观"谈到传统与革新》的发言，在发言中他反思了复古主义的错误，提出继承传统不应局限于对传统建筑形体和细部的模仿，也不要只注意宫殿庙宇，更应当关注全国各地民居结合地形、因地制宜的特点，"善于利用地形的优良传统，是我们建筑设计中很好的借鉴……我们强调的是革新，而不是原原本本的抄袭搬用。"[②]

20世纪60~70年代，国内出现了一批以借鉴民居的地域性特征而进行的建筑创作，如桂林七星岩、伏波楼、芦笛岩等风景建筑、桂林榕湖饭店、广州泮溪酒家等。

20世纪70~80年代，中国建筑设计研究院的尚廓先生先后发表了《桂林芦笛岩风景建筑的创作分析》、《民居——新建筑创作的重要借鉴》等文章，探讨当代中国建筑如何继承和发扬中国优秀建筑传统。

1985年2月，建设部设计局和中国建筑学会召开了繁荣建筑创作的座谈会，会上众多专家都提到建筑创作的地域性问题，如北京市建筑设计院张开济先生提出三个"尊重"：尊重人、尊重环境和尊重历史；杭州市建筑设计院程泰宁先生提出有地方色彩建筑反而容易成为世界的，地域性是中国现代建筑走向世界的捷径；湖北工业建筑设计院向欣然先生提出民族风格不等于大屋顶，应有更多的策略；天津大学建筑系张敕先生提出继承传统是对文化、习惯和精神的广义继承，而不是狭义的继承形式；华南工学院建筑系陆元鼎先生

① Kenneth Franmpton. 现代建筑——一部批判的历史[M]. 张钦楠等译. 北京：生活·读书·新知三联书店，2012：369-370.
② 梁思成. 从"适用、经济、在可能条件下注意美观"谈到传统与革新[J]. 建筑学报，1959，06：3.

提出应重视建筑的民族特色和地方特点；北京市建筑设计院马国馨先生提出建筑要根植于国家和民族的土壤，但对于传统要有选择性的发扬，不能单纯复制古董；中国建筑技术发展中心赵冠谦先生提出建筑要反映地方特色与时代特征；建筑学报顾孟潮先生认为建筑艺术是环境的艺术；中国建筑技术发展中心尚廓先生提出应将中国优秀传统建筑的精华根植于现代技术的土壤里发出新芽。[①]

1997年，在北京召开的"当代乡土建筑——现代化的传统"国际学术研讨会上，中国科学院和中国工程院两院院士吴良镛先生做了《乡土建筑的现代化，现代建筑的地区化——在中国新建筑的探索道路上》的主旨报告，在报告中吴院士介绍了国外地域主义的发展历史和当前的动态，并提出中国是一个多民族的国家，以"民族建筑"代表中国地域性建筑并不适宜，对中国建筑地域性的探索研究应着眼于"地区建筑"，同时"要以批判、发展的眼光对待地区建筑"。[②]

1999年6月，在国际建协第20届世界建筑师大会上通过的《北京宪章》中，吴良镛先生在批判性地域主义的基础之上，提出"广义建筑学"的理念，《北京宪章》的通过标志着批判的地域主义的基本思想已被全球建筑师普遍接受和推崇，成为21世纪世界建筑发展的重要指导思想。

2002年，天津大学建筑学院邹德侬教授在《建筑学报》上发表《中国地域性建筑的成就、局限和前瞻》一文，文中邹德侬先生对1949年以来的50多年间国内地域性建筑的实践进行了总结，概括和分析不同时期、不同地区的代表性地域建筑及其设计手法，对中国建筑在建筑地域性的探索和实践方面取得的成就作了充分的肯定，同时他认为中国的地域性建筑还存在诸如节能技术、应对气候的措施不足，缺少技术支持等明显的局限，文章最后他提出中国地域性建筑的未来发展应体现"全球化和地域性共处、技术性与地域性并进、经济性服从综合效益、解开形式情结的创新"[③]等几个特点。

2012年，天津大学副教授戴路及其研究生王瑾瑾在《建筑学报》发表《新世纪十年中国地域性建筑研究（2000-2009）》一文，通过对21世纪前十年中国地域性建筑创作的案例分析，总结出这一时期中国地域性建筑创作具有"对建筑创作环境的回应、建筑技术的多元化取向、地域文化的多维度表达、可持续发展理念、人文生活的重塑"[④]五方面的特点，并提出对我国地域性建筑发展的展望。

当前，中国的地域性建筑研究和实践呈现出百花齐放的繁荣景象，各地都在积极探索

① 张开济等. 顾孟潮，白建新整理. 繁荣建筑创作座谈会发言摘登[J]. 建筑学报，1985，04：2-21.
② 吴良镛. 乡土建筑的现代化，现代建筑的地区化——在中国新建筑的探索道路上[J]. 华中建筑，1998，01：1-4.
③ 邹德侬，刘丛红，赵建波. 中国地域性建筑的成就、局限和前瞻[J]. 建筑学报，2002，5：5-7.
④ 戴路，王瑾瑾. 新世纪十年中国地域性建筑研究（2000-2009）. 建筑学报，2012，10：80-85.

适合本地区的建筑地域化之路，也创作出很多优秀的地域性建筑作品。

其中，岭南地区是国内现代建筑地域化探索取得成果最为显著的地区之一。岭南，原是指中国南方的越城岭、都庞岭、萌渚岭、骑田岭、大庾岭五岭之南的地区，五岭是中国南方最大的横向构造带山脉，也是长江和珠江两大水系的分水岭，由于这道天然屏障的阻隔，岭南地区的气候、地貌及文化与岭北具有明显差异。岭南地区不仅地理环境相近，而且，人民生活习惯也有很多相同之处。由于历代行政区划的变动，现在提及岭南一词，特指广东、广西、海南、香港、澳门五省区。

"岭南建筑"最初指的是分布在岭南地区的建筑，岭南派建筑是指从1949年中华人民共和国成立后才逐渐形成的以广东地区为代表的建筑。岭南派（广派）建筑的概念最早出现于1983年，清华大学建筑系教授曾昭奋教授在《建筑师》杂志总第17期发表题为《建筑评论的思考与期待——兼及"京派"、"广派"、"海派"》的文章，文中他用"广派"风格形容广东地区的新建筑风格，这是学界自觉对岭南建筑学派进行学理研究的开始。

1989年，武汉城市建设学院艾定增教授在《建筑学报》上发表了题为《神似之路——岭南建筑学派四十年》的文章，在文中他阐释了岭南建筑学派的概念："岭南建筑学派在地域上指的是以广州为中心的主要分布在珠江三角洲及桂林、南宁、汕头、深圳、珠海、湛江和海口等地的近代建筑主流，在时间上指的是19世纪中期以来的建筑新风格的发展与成熟，其中也包括大大滞后了的理论。"[1]艾定增教授还对岭南建筑学派的历史发展过程进一步分析："岭南建筑学派与岭南音乐和岭南绘画具有同步性，是和康有为、梁启超、孙中山的政治革新运动相呼应的。而'两广'人的近代生活方式及自然地理、社会经济条件则是它产生的根基。它的发展经过以下几个过程。首先是洋人带来的洋建筑的输入。接着是由侨乡开始的土洋结合、中西合璧式的建筑（也有园林庭园的大量出现）。再就是中外建筑师有意识地将中西建筑糅合在一起（其中有强调民族形式的广州中山纪念堂、原中山大学及岭南大学等，有强调西方形式的而且数量较多）。最近40年则是中西融合、古为今用的初步成熟期。"[2]

20世纪50年代以来，以夏昌世、林克明、莫伯治、佘畯南等为代表的岭南建筑师，借鉴岭南建筑传统，吸收西方现代思想和技术，结合广东地理气候条件，创作了大量具有地域特点和时代特征的新建筑，在建筑地域性的研究和实践上取得了巨大的成就。

进入21世纪，以华南理工大学建筑学院何镜堂教授为核心的当代岭南建筑学派建筑师坚持了现代主义的理性价值观，提出了"两观三性"（整体观、可持续发展观；地域性、文化性、时代性）的建筑创作理念，把当代岭南建筑学派的建筑创作理论和实践推上新的

---

[1] 艾定增. 神似之路——岭南建筑学派四十年[J]. 建筑学报, 1989, 10: 20.
[2] 艾定增. 神似之路——岭南建筑学派四十年[J]. 建筑学报, 1989, 10: 20.

高度，其作品突破了岭南地域局限，表现为建筑创作的哲理、观念和方法，成为具有广泛影响和鲜明特色的当代中国地域性建筑创作思潮。当代岭南建筑学派的创作方法以"两观三性"为认识论基础，形成了一整套成熟高效的整体设计方法，为岭南建筑学派实践和谐与创新这两大核心价值观提供了方法论的支撑。

但与广东同为岭南地区的广西在地域性建筑创作以及理论研究上仍处于较为落后的情况。1949年以来，广西建筑开始了自己的地域性道路的探索，也诞生了一批在国内具有影响力的地域性建筑创作作品，但由于经济和技术发展水平的限制，地域性建筑创作的实践水平相对较低，也缺乏全面的理论体系。

迄今为止，针对广西地区的地域性建筑方面的研究，主要都是侧重于研究广西传统地域性建筑及其保护更新的研究，如《广西民居》、《广西民族传统建筑实录》、《广西传统乡土建筑文化研究》等，这些专著对广西地区的传统建筑进行了较为全面而深入的研究，总结了广西传统地域建筑的特点，但缺乏对现代建筑创作的指导性。关于广西当代建筑的著作如《广西当代建筑实录》、《南宁建筑实录》等主要是广西当代建筑的资料汇编，反映了广西建设的进程和成就，但并未对广西当代建筑创作方法进行分析研究。还有一些学术论文如《人居环境的地域性与可持续发展——以广西传统民居保护与利用为例》、《广西那坡县达文屯黑衣壮传统麻栏自主更新的启示》、《广西巴马地域性建筑设计研究》等文章主要是通过对广西传统建筑的考察，指出其延续并革新传统功能，使用新材料新结构，提高建筑舒适性等特点，同时也分析了忽视传统建筑形式特色的保持以及村庄的整体环境、新建筑的结构不符合安全规范等问题，并提出解决思路，然而其策略局限于广西传统村镇的改造或风景区怀旧式建筑场景的营造，并不具有普遍性，并不适宜在南宁、柳州这样的现代广西城市中推广，而针对广西当代地域性建筑研究的学术文章，多局限于单体建筑创作的探析，如《广西民族博物馆》、《桂林芦笛岩风景建筑的创作分析》、《从三个新建筑看广西地域性现代建筑实践》、《广西当代建筑创作漫谈》等，主要是建筑个案的探析，缺乏对广西当代地域性建筑设计研究的系统性。除此之外，未见国内开展有关广西当代建筑地域性的专项研究，而与之相关的文献资料也是十分有限，广西的当代地域性建筑创作也处于摸索的阶段。

## 三

通常意义上所指的当代，是对人类发展历史时间段的一个定性界定。惯常的理解，近代，从1840年到1919年，现代，从1919年到1949年，当代，从1949年至今，这是中国文学的时代划分，在本书中，当代意指广西自1949年至今的60多年，期间广西各城市的建筑事业得到了巨大的发展，特别是近年来随着中国东盟自由贸易区建立和北部湾经济区的建设，广西的城市化建设进程骤然提速，但同时也存在着不少问题。

地域性建筑就是能反映某特定地域文化特色的建筑，是特定地区在建筑形式、空间组织、地方性材料和当地建筑技术上的有机整合。

广西当代地域性建筑指的是新中国成立60多年以来能反映广西地域文化特色的建筑，通过对这类型建筑的研究，对建筑中表现出来的设计思想、技术策略和空间形式的设计手法进行探讨，有助于吸取经验，找出局限和不足之处，更好地促进具有广西地域特色和文化内涵的作品出现，对广西的建筑创作有重要的借鉴意义。

## 四

在本书中，主要采取以下三种研究方法：

（1）文献研究法：第一，通过调查地域性建筑理论相关文献来获得资料，从而全面地、正确地认识理解地域性建筑的概念、内涵及理论体系；第二，需要对广西地理、气候、经济、文化以及传统建筑的文献进行全面的收集及整理，找出影响广西当代地域性建筑形成的内在因素；第三，研究有关现代建筑结构、材料及技术的文献，熟悉各种现代建筑技术的特点及适用范围，总结和归纳出适宜广西地域特点的现代技术，并将其融入广西当代地域性建筑的技术策略的研究成果中。

（2）案例分析法：回顾广西当代建筑从1949年至今60多年的发展历程，将其总结和归纳为几个阶段，收集广西范围内大量典型的当代建筑案例的资料与文献，运用比较、归纳等方法进行分析研究，通过大量图表表达，并从社会及历史背景出发，对其主要特征，产生、发展的过程进行分析，发现其中存在的经验及问题并得出一些有参考价值的结论，以期对广西当代地域性建筑实践找到可借鉴的经验。结合建筑实例，解析设计方法，探索基于广西自然环境、人文环境和技术理念的当代地域性建筑创作的总体原则与具体策略，初步建构广西地域性建筑创作理论体系。

（3）经验总结法：研究必须理论联系实际，通过对笔者多年来参与的广西体育中心游泳跳水馆、广西壮族自治区政协活动会馆、北海扬帆酒店等建筑创作实践案例进行归纳与分析，使之系统化、理论化，上升为经验，加深了对建筑地域性创作的体会。对在设计过程中取得的第一手资料和所遇到的实际问题进行分析和总结，形成当代地域性建筑创作的方法论，使笔者的研究工作更具有现实参考意义。

## 五

广西具有深厚的历史、民族文化和独特的地理气候特征，广西传统的建筑也具有鲜明的地域特色。随着广西经济发展和城市建设进程加快，城市及建筑实践中地域特色的发掘越来越受到社会的重视，实践需要理论研究的支持，但目前广西地区对地域性建筑的研究大多或偏重于传统地域建筑的形成、发展及其特色，或是对于广西传统建筑的保护利用，而对于广西当代地域性建筑设计的理论研究几乎是个空白。广西当代城市与建筑的地域性设计探索中，还存在着夸张表现民族符号、粗制滥造仿古建筑、缺乏对地形和气候的关注、缺乏技术观念等诸多创作误区，因此，在新时代背景下建构具有鲜明广西地域特征的建筑创作方法体系，具有重要而迫切的现实意义。

希望通过这项研究和本书的写作，梳理当代地域性建筑的基本概念和理论，全面地回顾广西地域建筑的发展历程，总结其发展规律和特点，归纳地域性建筑的创作手法；并提取适合广西的地域性建筑美学观念及创作方法，为广西今后的城市发展建设提供一条具有可循性的、有效的思路。

由于客观上的困难和作者水平所限，本书难免存在疏漏和不当之处，恳请专家、读者指正。

# 第1章

# 广西概况

## 1.1  历史变迁

据考古发现，今广西地域早在80万年前就有原始人类繁衍生息。距今10万～2万年前，在今桂西、桂南、桂北地区活动的古人类进入以血缘为纽带的母系社会初期。约在5万年前，今广西境内古人类进入旧石器时代晚期。约2万～1万年前，广西境内古人学会制造和使用钻孔砺石和磨尖石器。距今1万～6000年前，境内古人逐步走出岩洞与河谷，向平原和滨海地区发展，今广西地区出现原始农业、畜牧业和制陶业。

秦始皇统一岭南后，今广西区域纳入中央王朝版图，分属桂林郡和象郡。由于连接湘江和漓江的灵渠通航，当时中原先进生产技术广泛传入，极大地推动了广西地区经济和社会的发展。

秦末汉初，今广西区域属代行南海尉赵佗割据岭南而建立的南越国。汉元鼎六年（公元前111年），汉武帝平定南越，在今广西区域设置苍梧、郁林、合浦3郡。三国两晋南北朝时期，今广西区域隶属不断更替，先属吴，其后归于晋及南朝的宋、齐、梁、陈等政权。

隋灭陈后，先后在今广西境内设宁越、永平、合浦、郁林、始安5郡85县。

唐初，今广西大部地域归属岭南道的桂、容、邕三管节制。咸通三年（862年），岭南道分东、西两道，并以邕管经略使为岭南两道节度使，这是广西成为一级独立政区之始。唐代，广西经济、文化有较大发展，出现桂、邕、柳、容等重要市镇。

五代十国时期，楚与南汉长期争夺今广西地域，社会经济遭受严重破坏。

宋初，今广西大部地域属广南路。至道三年（997年），广南路析为广南东路和广南西路，今广西大部属广南西路，广西之名源于此。

元朝，广西属湖广行中书省。至正二十三年（1363年）置广西行省，为广西设省之始。

明洪武年间设广西承宣布政使司，成为当时13个布政使司之一。"广西"名称由此固定下来。广西布政使司内划分为11个府和3个直隶州统辖各县。11个府是：桂林府（治临桂县，今桂林）；柳州府（治马平，今柳州）；庆远府（治宜山）；思恩府（先治乔利，今马山境，后迁治武缘，今武鸣境）；思明府（治思明土州，今宁明）；平乐府（治平乐）；梧州府（治苍梧，今梧州）；浔州府（治桂平）；南宁府（治宣化，今南宁）；太平府（治崇善，今崇左）；镇安府（治今德保）。3个直隶州是：归顺州（治今靖西）、田州（治今田东）、泗城州（治今凌云）。洪武二十七年（1394年），全州（今全州、灌阳、资源）自湖广永州府改属广西后，今广西地域大体形成。

辛亥革命推翻清王朝，于1912年成立"中华民国"。"中华民国"期间，广西沿袭清朝称省，地域与清朝大致相同。

广西设省起直至民国，省会均在桂林，1912~1936年曾一度迁到南宁。

1949年12月11日广西全境解放。中华人民共和国成立初期设广西省，省会南宁。

1958年3月5日，省一级的广西壮族自治区成立。广西进入民族团结进步、经济社会快速发展的新的历史时期。

目前，广西壮族自治区行政区划为14个地级市，7个县级市，67个县（含12个民族自治县），36个市辖区，722个镇，405个乡（含59个民族乡），120个街道。首府为南宁市。[①]

## 1.2　民族文化

广西是多民族聚居的自治区，有壮、汉、瑶、苗、侗、仫佬、毛南、回、京、彝、水、仡佬12个世居民族，另有满、蒙古、朝鲜、白、藏、黎、土家等其他民族44个。2013年末广西常住人口中有少数民族人口2004万，其中壮族人口1698万，分别占自治区常住人口的42.5%和35.98%。[②]

广西各世居少数民族有着悠久而绚烂的民族传统文化。如春秋战国时期广西先民在左江沿岸创作的花山崖壁画（图1-1）、汉代壮族的铜鼓（图1-2）以及具有民族特点的壮族干栏式建筑、侗族风雨桥、鼓楼等民族建筑，在国内外都具有较高的知名度。广西的少数民族至今都保持着他们纯朴的民族习俗，在饮食、服饰、居住、节日、礼俗方面都有鲜明的民族特色。

图1-1　花山壁画
（来源：www.baidu.com）

图1-2　汉代铜鼓
（来源：www.baidu.com）

建筑文化——广西柳州市三江侗族自治县的程阳风雨桥是我国闻名的木建筑，是侗族的象征。桥身建筑不用一枚铁钉，全是榫头结合，高超的建筑技艺令人惊叹不止。侗族

① 广西地情网. 广西概况（2013）[OL]. http://by.gxdqw.com/gxgk/gxgl/201501/t20150130_21744.html，2015-01-30
② 广西地情网. 广西概况（2013）[OL]. http://by.gxdqw.com/gxgk/gxgl/201501/t20150130_21744.html，2015-01-30

的楼，包括吊脚楼、鼓楼、凉亭、寨门、水井亭等几种木结构建筑，都是独具特色的侗族建筑。近年来，侗族的建筑艺术展，更是轰动了全中国，人们一致称赞侗族的建筑艺术是"凝固的诗，立体的画"（图1-3、图1-4）。

图1-3　三江程阳八寨

图1-4　程阳风雨桥

民歌文化——广西素有"歌海"之称，各民族的民歌在全国也享有盛名，壮族人民善于以歌来表现自己的生活和劳动，抒发思想感情，所以广西又被称为"歌的海洋"。青年男女恋爱唱情歌，婚嫁唱哭嫁歌，丧葬唱哭丧歌，还有互相盘考比赛智力的歌，宴请宾客唱劝酒歌和节令歌，祈神求雨唱祈祷歌，教养儿童唱儿歌和童谣。每到春秋两季，男女青年盛装打扮会集到特定的场所对歌，这种歌会形式称为"歌圩"，亦称"歌节"，其中最为隆重的当属农历三月三的壮族传统歌节（图1-5）。

舞蹈文化——广西瑶族的歌舞民族色彩极为浓厚，其旋律、歌词、服装、舞姿、形象与道具均独立构成。18种舞蹈尤以长鼓舞（图1-6）、捉龟舞、黄泥鼓舞、盘古兵舞、八

图1-5 壮族三月三歌圩（来源：《壮族》画册）

图1-6 瑶族长鼓舞（来源：中舞网http://img.cache.wudao.com/portal/201106/20/1030143sfl44hahql4fzu3.jpg）

仙舞、蝴蝶舞等最为盛行。每年在农历六月初六、七月初七、十月十六日等瑶族节日都进行各种瑶族传统舞蹈的表演。

节日文化——广西的苗族以节日多、场面大而出名（图1-7）。广西融水苗族自治县每年有苗年节、芦笙节、拉鼓节、芒歌节、新禾节、斗马节等众多节日，纪念丰收、祭祀等。节日中可以听到动听的芦笙曲和看到优美的芦笙舞表演，到苗寨旅游或作客，可以享受到拦路歌、拦路酒、拦路鼓、挂彩带、挂彩蛋、打酒印等众多苗族好客习俗的款待。除此之外，广西少数民族著名的传统节日还有瑶族的达努节、仫佬族的走坡节、侗族的花炮节等。

此外，包括壮锦（图1-8）、刺绣（图1-9）、绣球、陶瓷、竹编和芒编在内的各色工艺品，瑶、苗等民族的医药，以及丰富多彩的民族民间文学等，都是广西各少数民族文化艺术的瑰宝。

图1-7 广西融水苗族节庆（来源：新华社）

图1-8 壮锦（来源：www.baidu.com）

图1-9 绣球（来源：www.baidu.com）

## 1.3 地理环境

位置与面积：广西壮族自治区地处祖国南疆，位于东经104°28′～112°04′，北纬20°54′～26°24′之间，北回归线横贯中部。东连广东省，南临北部湾并与海南省隔海相望，西与云南省毗邻，东北接湖南省，西北靠贵州省，西南与越南社会主义共和国接壤。行政区域土地面积23.76万平方公里，管辖北部湾海域面积约4万平方公里。

地势：广西地处中国地势第二台阶中的云贵高原东南边缘，两广丘陵西部，南临北部湾海面。西北高、东南低，呈西北向东南倾斜状。山岭连绵、山体庞大、岭谷相间，四周多被山地、高原环绕，中部和南部多丘陵平地，呈盆地状，有"广西盆地"之称。

地貌：广西总体是山地丘陵性盆地地貌，分山地、丘陵、台地、平原、石山、水面6类。山地以海拔800米以上的中山为主，海拔400～800米的低山次之，山地约占广西土地总面积的39.7%；海拔200～400米的丘陵占10.3%，在桂东南、桂南及桂西南连片集中；海拔200米以下地貌包括谷地、河谷平原、山前平原、三角洲及低平台地，占26.9%；水面仅占3.4%。盆地中部被两列弧形山脉分割，外弧形成以柳州为中心的桂中盆地，内弧形成右江、武鸣、南宁、玉林、荔浦等众多中小盆地。平原主要有河流冲积平原和溶蚀平原两类，河流冲积平原中较大的有浔江平原、郁江平原、宾阳平原、南流江三角洲等，面积最大的浔江平原达到630平方公里。广西境内喀斯特地貌广布，集中连片分布于桂西南、桂西北、桂中和桂东北，约占土地总面积的37.8%，发育类型之多世界少见。[①]

## 1.4 气候水文

### 1.4.1 气候

广西地处低纬度，北回归线横贯中部，南临热带海洋，北接南岭山地，西沿云贵高原，属亚热带季风气候区。气候温暖，雨水丰沛，光照充足。夏季日照时间长、气温高、降水多，冬季日照时间短、天气干暖。受西南暖湿气流和北方变性冷气团的交替影响，干旱、暴雨、热带气旋、大风、雷暴、冰雹、低温冷（冻）害气象灾害较为常见。

2013年广西春季偏暖，夏、秋、冬季气温正常，年平均气温21.1℃，比常年偏高0.4℃；春、秋季降水偏多，夏季正常，冬季偏少，平均年降水量1694.8毫米，较常年偏多1成；春、夏季日照偏多，秋、冬季日照偏少，平均年日照时数1539.1小时，较常年偏多20小时。年内出现低温雨雪霜（冰）冻、局地强对流、暴雨、台风、高温、干旱等灾

---

① 广西地情网. 广西概况（2013）[OL]. http://by.gxdqw.com/gxgk/gxgl/201501/t20150130_21744.html，2015-01-30

害性天气气候事件。其中，3月出现近十年来最频繁的强对流天气过程，灾情为21世纪以来同期最重；5月强降水造成部分地区出现洪灾；有8个台风和1个热带低压影响广西，为1974年以来最多的一年。气候对农业、林业、交通、旅游业、盐业的影响属一般年景，对生态环境、水资源、水电和人体健康的影响属偏好年景。

各地年平均气温17.5～23.5℃。桂林市大部及隆林、靖西、德保、乐业、凤山、南丹、罗城、三江、融安、金秀等地气温在20.0℃以下，最低的金秀为17.5℃，最高的涠洲岛为23.5℃。春季全自治区平均气温22.2℃，比常年同期偏高1.3℃，为1951年以来第二高。

各地年平均降水量841.2～3387.5毫米。百色、河池以及崇左大部、三江、柳城、忻城、隆安、武鸣等地降水在1500毫米以下，其余地区在1500毫米以上，最少的田林仅为841.2毫米，最多的防城港市为3387.5毫米。全自治区平均年降水量1694.8毫米，与常年相比偏多1成，春季、秋季降水量分别偏多2成和近4成，冬季偏少2成，夏季正常。

各地年日照时数1213.0～2135.2小时。桂北大部、百色市南部山区及龙州、东兴和浦北在1500小时以下，其余地区在1500小时以上，最少的那坡仅为1213小时，最多的合浦为2135.2小时。全自治区平均年日照时数1540.4小时，与常年相比偏多21.3小时，冬季偏少96.9小时，秋季偏少33.5小时，春季和夏季分别偏多34.1和26.8小时。[①]

## 1.4.2 水文

广西河流以雨水补给类型为主，集雨面积在50平方公里以上的河流有986条。受降水时空分布不均的影响，径流深与径流量在地域分布上呈自东南向西北逐渐减少之势。河川径流量的70%～80%集中在汛期（桂东北河流汛期在3～8月，桂西南河流汛期在5～10月，桂中诸河汛期在4～9月）。2013年广西降雨集中在4～9月，平均年降雨量1583毫米，降雨量占全年雨量的74%，为平水年景。汛期，广西出现较大降雨13次。8月中旬，受11号台风"尤特"影响，大部分地区持续强降水，多数河流出现明显涨水过程。其中，南流江等16条河流的25个断面发生超警戒洪水，超过警戒水位最高达到6.12米。年内暴雨引发洪水主要发生在中小河流，共有57条河流127站次出现超警戒洪水，其中北流河发生重现期约20年一遇的大洪水，南流江上游、贝江、明江、北仑河发生重现期约10年一遇的中洪水，蒙江、贺江发生超过5年一遇的中洪水，其余江河均为5年一遇以下常遇洪水。大江大河洪水量级总体不大，郁江、红水河、左江、右江、西江等江河干流无超警戒水位洪水，西江梧州站年来水量1753亿立方米，比上年减少5.1%。[②]

---

① 广西地情网. 广西概况（2013）[OL]. http://by.gxdqw.com/gxgk/gxgl/201501/t20150130_21744.html，2015-01-30
② 广西地情网. 广西概况（2013）[OL]. http://by.gxdqw.com/gxgk/gxgl/201501/t20150130_21744.html，2015-01-30

## 1.5　社会经济

广西是全国解放较晚的省份之一。广西解放后城市工作一开始就以恢复经济为重点，但农村在恢复时期的前一段时间，有不少地方还处在动乱之中，剿匪成为压倒一切的中心任务。1951年5月1日消灭股匪任务完成之后，开始进行农村土地改革和城市民主改革，全省工作重点转到经济恢复和经济建设上来，并取得了好成绩。

从1953年开始，进行有计划的经济建设，制订和执行第一个五年计划，进行对农业、手工业和资本主义工商业的社会主义改造，立足于发展农业、手工业，发挥原有工业企业的作用，量力而行进行工业化建设，超额完成了第一个五年计划，实现了三大改造。1958年开始贯彻中共中央提出的"鼓足干劲，力争上游，多快好省地建设社会主义总路线"，掀起"大跃进"运动，实行人民公社化，主观愿望上追求经济快速发展，但在"左"的思想指导下，夸大主观意志作用，忽视客观经济规律，脱离实际，虽然开始建设一批工农业和交通项目，但却造成经济比例严重失调，社会生产和人民生活出现严重困难。

1961～1965年，贯彻中央"调整、巩固、充实、提高"的方针，采取一系列政策措施，对国民经济进行全面调整，取得较大成果。

但1966年，又开展"文化大革命"，导致1966～1976年的"十年动乱"。这时期和粉碎"四人帮"后两年，广西和全国一样，受"两个凡是"的影响，仍然实行一系列"左"的方针政策，经济建设虽取得一定进展，但也存在很多问题，国民经济比例再度失调，经济效益不好。

1979年以后，进入社会主义建设新时期，贯彻执行中央"调整、改革、整顿、提高"的方针，坚持以经济建设为中心，坚持四项基本原则，坚持改革开放，经济发展逐步跟上全国的发展步伐，广西经济的发展出现生机和活力，多方面发生极大变化。[①]

从1979年至1983年，对广西经济逐步进行调整，主要是加强农业、轻工业，降低重工业的发展速度。1983年后，随着农业和轻工业的发展，需要能源、原材料、机械工业的支持，重工业也加快发展速度。但1989年、1990年广西工业发展速度由1985年至1988年的平均增长16.7%，分别降至6.17%和8.23%，影响广西20世纪80年代平均增长速度，广西经济发展水平进一步扩大与全国的差距。

进入21世纪以来，直到2013年，得益于工业的发展，广西经济总量持续保持两位数增长，工业增加值占GDP的比重由28%左右提高到40%左右，工业对经济增长的贡献率由

---

① 广西地情网. 广西通志. 经济总志[OL]. http://www.gxdqw.com/bin/mse.exe?seachword=&K=a&A=3&rec=37&run=13，2015-01-30

27%左右提高到50%左右。

2014年，广西全区生产总值（GDP）15672.97亿元，按可比价格计算，比上年增长8.5%，排全国第17位。分产业看，第一产业增加值2412.21亿元；第二产业增加值7335.60亿元；第三产业增加值5925.16亿元。全年财政预算收入达2162.4亿元，其中，公共财政预算收入1422.05亿元；全年公共财政预算支出3455.44亿元。全区城镇居民年人均可支配收入24669元；农村居民年人均纯收入7565元。[①]

## 1.6　本章小结

通过对广西的发展历史、民族文化、地理环境、气候水文、社会经济等各方面阐述，我们可以看到，广西具有深厚久远的历史、丰富多彩的民族文化和独特的地理及气候特征，广西的传统建筑也具有鲜明的地域特色，这些因素为广西地域性建筑的形成提供了得天独厚的条件。20世纪50年代以来，广西的地域性建筑创作也主要围绕着历史和民族文化以及地理气候为核心，但是由于广西的社会经济发展水平在国内长期处于相对落后的状况，导致一直以来，广西地域性建筑创作在表现手法上较为粗浅和单一，在建筑技术上还处于相对落后的境况。进入21世纪，随着西部大开发和北部湾经济区建设的推进，广西社会经济和工业发展水平提高较快，为广西当代地域性建筑的发展，打下了坚实的基础。

---

① 广西壮族自治区统计局. 2014年全区经济运行情况 [OL]. http://www.gxtj.gov.cn:9000/pub/tjjmh/tjxx/xwfb/201501/t20150123_54090.html，2015-01-23

第 2 章

# 广西当代地域性建筑的发展历程

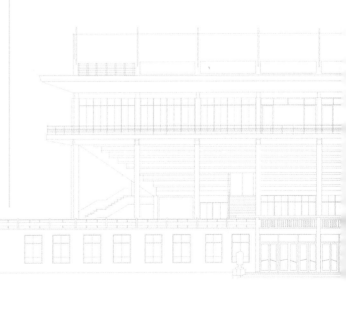

纵观新中国成立后广西当代建筑地域化发展历程，前辈建筑师继承传统建筑适应气候的特点，同时结合时代特征，引入新材料、新技术，开创了具有广西特色的"新建筑之路"。从时间上来看，广西当代建筑地域化发展是从新中国成立之后的20世纪50年代初开始的，大致可以分为以下几个阶段：

模仿期（1949~1958年）：新中国成立初期，受落后的经济和技术发展水平的制约，广西的大型建筑并不多，受到"民族形式"思潮的影响，出现了一些复古主义的作品，尝试将中国或者欧洲古典建筑的构图、形式与广西民族元素结合在一起，代表性建筑有广西民族学院礼堂、大门和广西展览馆等。

探索期（1959~1978年）：这一时期广西建筑受到广东建筑的影响，以现代主义建筑的设计手法，结合广西的环境、气候和文化等多方面进行地域性创作的探索，诞生了一批在国内有影响力的广西当代地域性建筑，如广西体育馆、南宁剧场、广西博物馆桂林芦笛岩风景建筑，榕湖饭店等。

发展期（1979~1988年）：这一时期的广西建筑在现代性、地域性和民族性都有了进一步的发展。在广西博物馆上成功运用的建筑遮阳、采光通风，结合地形、民族元素等地域性设计手法在这一阶段得到了普遍的运用。代表性建筑有南宁火车站、南宁交易场、桂林花园酒店、广西图书馆、桂林桂山大酒店等。

徘徊期（1989~1998年）：这一时期广西的新建公共建筑进入高层时代，建筑设计上有建筑空调化、玻璃幕墙化和立面简洁化三个特点，建筑设计追求现代主义的简洁形体，体块的构成与穿插，突出力量感与雕塑感；形式服从功能，细部考虑处于次要地位，上一个时期建筑立面常见的立面遮阳板、民族图案装饰消失了，取而代之的是大面积玻璃幕墙，室内温度全靠中央空调系统调节。人们在享受现代建筑技术带来的舒适感受的同时忽略了建筑的地域性，在建筑能耗大幅增长的同时广西建筑乃至城市的地域特点逐步消失。

复兴期（1999年~今）：这一时期的建筑创作手法呈现出百花齐放百家争鸣的繁荣场面，与上一时期相比，注重建筑的舒适性的同时，突出地域性的创作思潮复兴，如何体现建筑的地域特色也成为建筑师主要考虑的问题。这一时期如南宁国际会展中心、广西民族博物馆、广西体育中心、广西科技馆、柳州奇石馆、桂林一院两馆等大型公共建筑上都体现了建筑地域性的新尝试，但仍存在很多建筑创作上的问题。

## 2.1　模仿期（1949~1958年）

新中国成立初期，受到广西落后的经济和技术发展水平的制约，广西公共建筑设计遵循着"适用、经济，在可能条件下注意美观"的设计原则，大多数新建建筑体现的都是实用、朴素的设计观。一些重要的公共建筑上，通过对"民族形式"模仿和学习开始了对广西当代建筑的地域性表达的初步尝试。

所谓的"民族形式"也称之为"民族风格"，其提法源自于20世纪50年代号召学习苏联文艺的原则"社会主义内容、民族形式"，当时社会主义的苏联在与西方资本主义国家斗争的形式下，需要的"有意味的形式"是必须区别于它的对手的，因此，曾经是沙皇俄国采用的建筑语言，因其区别于资产阶级对手如美国的现代主义建筑语言而被发掘，并以"民族传统"的形式出现。因此具有政治化的色彩。1953年中国建筑学会成立大会上，梁思成先生在《建筑艺术中社会主义现实的问题》的发言中提出了他对民族形式的看法，他要求以中国传统建筑的法式为依据从事建筑设计，是这种以爱国为基础，推崇运用民族形式的历史主义思潮在建筑领域的系统表达。

当时国内在民族形式方面的创作思路，有宫殿式（复古主义）、混合式（折中主义）和以装饰为特征的现代式三种相对较为成熟的手法，其中宫殿式和混合式的主要标志性特点就是"大屋顶"。广西建筑师在进行地域性建筑探索时主要模仿和学习了这些手法，具体做法上以现代建筑的平面及形体，局部加上坡屋顶及民族图案等装饰，虽然这种手法饱受争议，但无疑体现着建筑本土化的追求，是对广西地域建筑设计手法的一种初步的探索。代表建筑有广西民族学院礼堂、广西展览馆等。

广西民族学院礼堂位于南宁市西乡塘广西民族学院内，为20世纪50年代初期著名仿古建筑之一，建筑面积2310平方米，2层砖木结构，当时由广西省建工局设计公司设计，市建施工，于1954年10月开工，1955年4月竣工。礼堂的平面及立面设计均参照武汉中南民族学院礼堂的原设计进行局部修改。观众厅长30米，宽21米，分楼、地座，可容观众1100人，舞台尺寸9米×26米，可进行电影放映及小型文艺演出。建筑设计运用宫殿式的设计手法，礼堂为重檐歇山式屋盖，绿色琉璃瓦屋面，配以红色柱子，庄严古雅，具有浓厚的"民族风格"。大屋顶、琉璃瓦等装饰不具备实际的功能，且对于当时广西落后的生产力发展水平来说显得并不经济，因此没有在广西建筑中大规模运用（图2-1）。

（a）广西民族学院礼堂　　　　　　　　　　　（b）广西民族学院礼堂细部

图2-1　广西民族学院礼堂［来源：（a）www.baidu.com；（b）《南宁市建筑志》］

广西展览馆位于南宁市民主路，为广西壮族自治区第一个大型综合性展览馆，建成于1958年。馆区占地面积8.1万平方米，建有展览馆、广场、露天剧场、办公楼、招待所、餐厅等建筑。主馆分上、下两层，条形基础，砖混结构。初建面积7785平方米，1978年扩建后面积为1.4万平方米。

建筑未采用大屋顶的形式，而是以功能主义手法配以西洋柱式构图的公共建筑，为了表达民族形式，将细部完全广西化，如正面大门立大圆柱4根，门头上饰以壮族铜鼓、壮锦等浮雕图案，屋顶加上中式栏杆，凸显建筑的雄伟古朴及浓郁的壮族特色，属于装饰主义的手法。主馆前为宽阔的广场，面积7200平方米，混凝土地面，中央设18米直径大喷水池1个，水池前为大花坛，广场周围为绿化带。曾作为自治区成立典礼主会场之一（图2-2）。

## 2.2 探索期（1959~1978年）

### 2.2.1 现代建筑地域化的探索

广州是中国对外的窗口城市。以夏昌世、林克明、莫伯治为代表的岭南建筑师受现代主义建筑思想影响，其中，夏昌世先生最早意识到建筑设计必须适应气候，并在《建筑学

（a）广西展览馆

（b）广西展览馆正立面

图2-2 广西展览馆

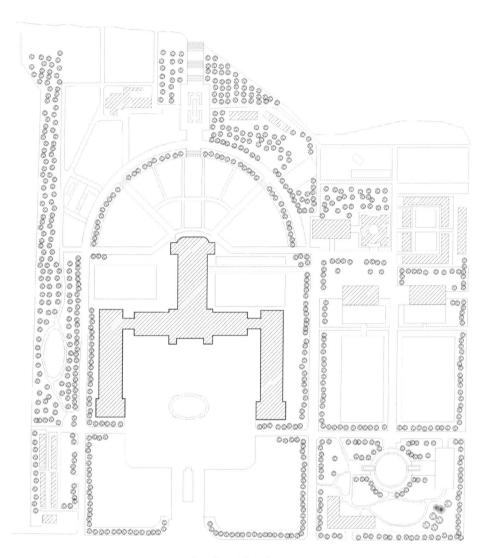

（c）广西展览馆总平面

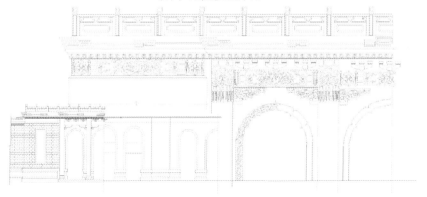

（d）广西展览馆细部装饰

图2-2　广西展览馆［（来源：（a）《南宁建筑50年》；（b、c、d）唐夏、韦卓秀绘）］（续）

报》1958年第10期发表了《亚热带建筑的降温问题——遮阳、隔热、通风》一文，成为岭南现代建筑最早的建筑防热理论。在"民族形式"风靡全国的20世纪50～70年代，岭南建筑师们将现代主义建筑简洁、经济、实用的特点与岭南地区的气候特点及岭南园林结合起来，以现代主义的建筑手法设计了许多适应广东亚热带气候特点的作品，如1951年夏昌世先生设计的华南土特产展览水产馆、1957年建成的中山医学院教学楼群、1968年林克明先生设计的广州宾馆、1974年广州市设计院设计的广交会展览馆新馆、1975年莫伯治和林克明先生设计的广州白云宾馆等（图2-3）。这一时期岭南建筑师也在广西创作了不少

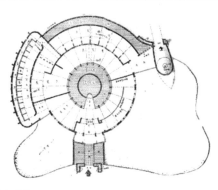

（a）华南土特产展览水产馆

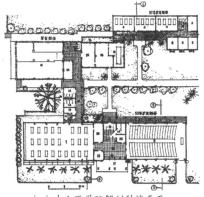

（b）中山医学院解剖科楼　　　　　　（c）中山医学院解剖科楼平面

图2-3　广州建筑

（d）广交会建筑

（e）广州宾馆

（f）白云宾馆

图2-3　广州建筑［来源：（a、d、e、f）www.baidu.com；（b、c）建筑学报］（续）

建筑，将岭南建筑新风吹到了广西，其中包括夏昌世先生设计的桂林伏波楼、白云楼、广西医学院门诊部以及广州市建筑设计院设计的南宁邕江宾馆等。

　　深受同为岭南地区的广东影响，当时广西的建筑创作也出现了许多针对本地地理、气候特征做出有特色的应对措施，采用现代主义建筑手法的作品，主要特征是形体简洁，注重建筑遮阳、自然通风，善用庭院，代表作有广西体育馆、邕江宾馆、南宁剧场、桂林饭店、漓江饭店、广西博物馆等。

　　广西体育馆（原邕江体育馆）位于南宁市江南区，是广西当代体育建筑充分结合地域气候特点的典型范例，广西体育馆于1966年10月建成，是南宁市第一座大型体育建筑，占地面积57942平方米，平面为矩形，长83.2米，宽71.2米，总高度24.5米，建筑总面积11000多平方米，由比赛大厅和辅助用房组成，比赛大厅平面为54米×66米，比赛场地长34米，宽22米，净高16米。共有观众座位5450个。该馆是一个多功能的公共体育建筑，可进行篮球、排球、乒乓球、羽毛球和举重体操等各项体育活动，也可以作为大型群众性集会和文艺杂技演出之用。

建筑采用钢筋混凝土现浇框架结构，平面设计采用"回"字形，长边南北向以迎向南宁夏季主导风向，比赛大厅及看台设在中央，四周布置办公管理用房及运动员和贵宾休息室。在建筑剖面设计上，比赛厅净高16米，四周平房高4米，比赛大厅为开敞式建筑，并于楼座看台座位底开条形可调节的自然通风口，楼座看台后排四周设置外挑3米的钢筋混凝土的休息观景廊，廊上设3米宽的顶盖，为看台和内院造成大片的阴凉空间，也给建筑体型上起遮阳作用。整个比赛厅四周外墙开大玻璃窗，屋顶南北两面小山墙做预制水泥百叶通气窗，把室内的高温气流引向室外。该工程在建筑造型上轻巧通透，具有南方的建筑风格。（图2-4）

（a）广西体育馆

（b）广西体育馆平面图

图2-4　广西体育馆

（c）广西体育馆北立面图

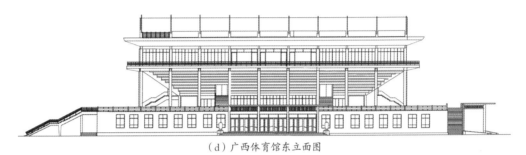

（d）广西体育馆东立面图

图2-4　广西体育馆［来源：（a）《南宁建筑50年》；（b、c、d）王恬、秦颖绘］（续）

邕江宾馆位于南宁市邕江大桥北岸桥头，民权路与江北大道交叉路口，占地15766平方米，总建筑面积27384平方米，宾馆设有343间客房及配套的餐厅、商场及歌舞厅。邕江宾馆由广州市设计院设计，1973年建成，为南宁市建成最早的高层建筑。该馆坐北朝南，面临邕江，由主楼、南楼、北楼三部分组成，平面呈"山"字形。中央主楼地上12层，地下1层，高43.5米，南楼8层，北楼9层，高低错落，层次分明。除北楼因面临民权路而与路平行之外，主楼和南楼均朝向南向，与南宁夏季主导风向垂直，以利于通风。此外，建筑平面借鉴岭南建筑的空间组合方式，主楼分别与南、北楼围合成两个内庭园。将现代主义建筑简洁的形体与岭南园林建筑灵活的布局及广西的气候特点结合起来，具有亚热带建筑的特色。（图2-5）

南宁剧场（邕江剧场）位于南宁市江南路，为南宁市最著名的剧场，于1974年建成。剧场占地面积4.2万平方米，建筑面积11117平方米，高21米。观众厅28米×35米，座位1725个。剧场是建筑体量较大的公共建筑，南宁剧场没有像常规剧院那样设计封闭的观众休息大厅，而是在观众厅左右两侧各设置一个回廊围合而成的庭院作为观众休息区域，在封闭的观众厅和室外形成了一个半开放的空间层次，内外空间互相渗透，既有利于通风防热、调节气候，也有助于景色的组织和环境美化，弱化了建筑的巨大体量，使剧场掩映在郁郁葱葱的绿化中，与南宁绿城的环境和谐统一。（图2-6）

（a）邕江宾馆

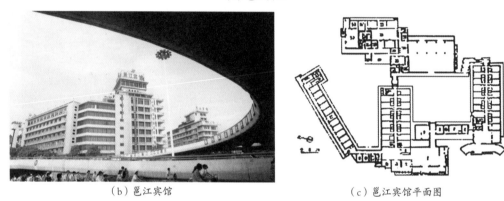

（b）邕江宾馆　　　　　　　　　　　（c）邕江宾馆平面图

图2-5　邕江宾馆［来源：（a）《南宁建筑50年》；（b）《广西当代建筑实录》；（c）www.baidu.com.］

（a）南宁剧场

图2-6　南宁剧场

（b）南宁剧场

（c）南宁剧场平面图

图2-6　南宁剧场（续一）

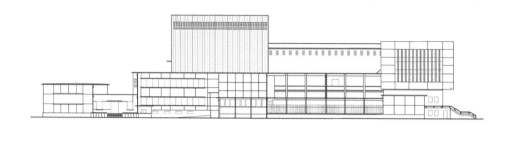

（d）南宁剧场立面图

图2-6　南宁剧场［来源：（a）《广西当代建筑实录》；（b）《南宁建筑50年》；（c、d）张烨绘］（续二）

　　桂林饭店建成于1975年，由桂林市建筑设计院设计，是桂林市早期规模较大的旅馆建筑。桂林饭店设有客房270间，总建筑面积11015平方米，楼高6~8层。建筑平面布局灵活，形体简洁大方，立面运用了综合遮阳的手法。（图2-7）

　　桂林漓江饭店位于漓江边，环境优雅，建筑面积21322平方米，主楼14层，设有602个床位。漓江饭店是由广西建筑综合设计研究院设计，1976年建成。建筑平面为"一"字形布局，大面宽小进深，宽边南北向，有利于通风采光。（图2-8）

图2-7　桂林饭店（来源：《广西当代建筑实录》）

图2-8　桂林漓江饭店（来源：《广西当代建筑实录》）

广西壮族自治区博物馆建成于1978年，是广西第一座省级博物馆。位于南宁市民族大道北侧，整个博物馆用地约4公顷，总建筑面积12269平方米，设计时从场地、气候和文化三个方面综合进行了考虑。场地：建设场地原为一片池塘，考虑到与环境的结合，主体建筑陈列大楼设计时采用了底层架空5米的手法，力图体现壮族干栏建筑结合地形的特点；气候：建筑东、南、西三个立面采用宽大的檐口和垂直的遮阳板，与南方的湿热气候相适应，竖向上简洁的遮阳板既能让厚重的建筑显得挺拔轻盈，又彰显出适宜气候的岭南建筑特色，建筑北面采用2.5米的外廊，既是展厅之间联系的主要通道，也使展厅内部空间免于南宁的烈日和暴雨；建筑借鉴广西传统民居内部设置了4个天井，将自然光和新风引入建筑，以解决博物馆大进深空间的采光和通风问题；文化：建筑立面简洁，具有现代文化博览建筑的特点，同时在立面构件上饰以凤凰等壮锦图案，凸显民族文化特色（图2-9）。

（a）广西博物馆

图2-9　广西博物馆

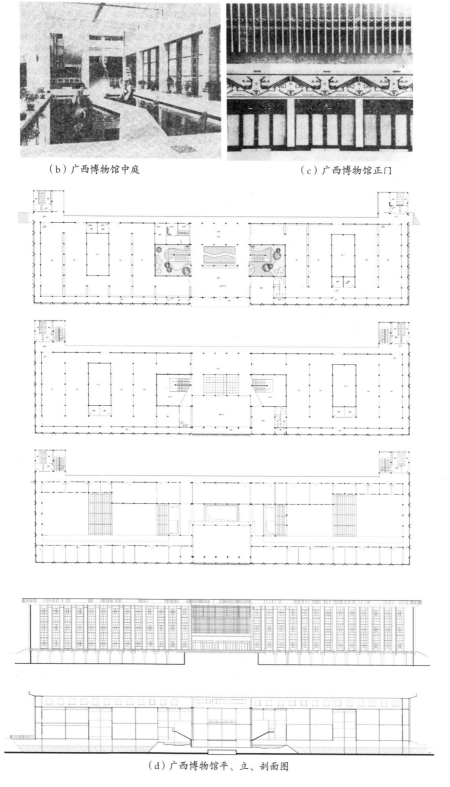

（b）广西博物馆中庭                    （c）广西博物馆正门

（d）广西博物馆平、立、剖面图

图2-9　广西博物馆［来源：（a、b、c）《建筑学报》；（d）邓文祺绘］（续）

### 2.2.2　乡土建筑现代化的探索

　　桂林是山水甲天下的历史名城，自隋唐以来就是著名的风景胜地，除了独特的喀斯特地貌之外，桂林所处的桂北地区的民居建筑，也独具特色，由于桂北地区山峦叠嶂，溪流纵横，终年潮湿多雨，为适应复杂的地形环境和潮湿多雨的气候条件，"干栏"建筑形式应运而生，"依树积木以居其上，谓之干栏"，据史籍记载干栏建筑源于古代"百越"，至今已有2000多年历史，其特点是依山傍水，灵活利用地形，用材质朴，使建筑与环境有机融合在一起（图2-10）。

　　20世纪60～70年代，在桂林诞生了一批风景区建筑，采用了民族形式的表达，但其表达方式不再拘泥于复古主义、折中主义和装饰主义这三种现成的套路，建筑师们没有遵循官式建筑创作的传统套路，转而着力提取桂北传统民居建筑的形体、比例、尺度、空间、质感等要素，结合桂林的山水地貌进行设计，以体现广西传统建筑环境与气氛。

　　桂林花桥展览馆位于桂林市七星公园小东江畔，是以美术书法展览为主的展馆，中国建筑科学研究院历史与理论研究室设计。建筑1~2层，面积2700平方米，1964年落成。平面打破官式建筑的对称手法而采用非对称的园林式布局，四周的展厅环抱一个中央庭院，建筑临水面底层架空，使庭院内的人可以透过架空层远眺风景。建筑局部底层架空探入小东江中，以表达建筑与环境的有机融合，建筑造型及细部均带有民居的特征。是桂林市探索建筑地域特色的早期代表作之一（图2-11）。

　　1964年，夏昌世先生应邀与黄远强、佘畯南、莫伯治先生组成专家组，参与广西桂林伏波楼设计。这是一座2层的小型观景建筑，总面积106.34平方米，建筑依山就势建于伏波

图2-10　桂北民居（来源：陈罡摄）

图2-11　桂林花桥展览馆（来源:《广西当代建筑实录》）

山阳东南陡峭的石崖上，为了观景需要，东南为通长大玻璃，二层有出挑的观景阳台，视野开阔，建筑也显得轻盈通透；屋顶是简化的水泥坡顶，覆以黄琉璃瓦；建筑基座采用料石构垒而成，朴实而自然，体现了建筑与地形有机结合的设计观（图2-12）。

　　20世纪70年代，中国建筑科学研究院的尚廓先生在桂林市芦笛岩景区设计了一组风景建筑，包括接待室、水榭、餐厅和休息室等，规划因地制宜将建筑布置于各个景点之中，各个建筑依据不同景点的地形，或依山、或傍水、或架空，既可观景又点缀了景观，建筑尺度和桂北民居尺度接近，建筑形式采用桂北民居常用的双坡顶，将传统民居屋顶"举折"、"起翘"简化，吸取桂北民居架空、出挑的特点，以混凝土材料取代传统的竹木结构，建筑装饰运用广西壮锦图案等以体现广西地域特征，在继承传统优秀建筑并加以创新上做了有益的探索（图2-13）。

　　桂林榕湖饭店位于桂林市榕湖畔，新中国成立初期的桂林市人民政府招待所，20世纪70年代后期开始改建。其中，由桂林市建筑设计院设计的4号楼，建筑面积2060平方米，包括主楼与餐厅，建于1976年。因考虑到宾馆建筑本身带有居住性质，因此建筑设计借鉴民居的特点，建筑形体高低错落，内设庭院，二层客房用钢筋混凝土结构向前后各挑出外廊和阳台，仿佛是桂北民居的木结构悬挑，建筑屋面用混凝土板做成平缓的坡屋顶形式并覆上小青瓦。主楼与餐厅用临水架空的连廊联系，整幢建筑具有民居建筑的轻巧、通透、灵活的特点，加上园林绿化处理，营造幽静典雅的环境，提高了宾馆的等级和标准。（图2-14）

　　这一时期是广西地域性建筑创作摆脱大屋顶的束缚进行积极探索的时期，这一时期的建

图2-12 桂林伏波楼（来源：www.baidu.com）.

（a）芳莲池水榭 （b）芦笛岩接待室

图2-13 桂林风景建筑

（c）桂林芦笛岩景区接待室

图2-13　桂林风景建筑［来源：（a、b）《广西当代建筑实录》；（c）《建筑学报》，1978，03］（续）

图2-14　桂林榕湖饭店4号楼（来源：www.baidu.com）

筑创作在适应地形、气候、体现传统文化以及借鉴民居建筑等方面对建筑的地域性表达进行了多种多样的尝试和探索。由于经济技术条件的限制，一些现代建筑技术如空调等在这一时期还较少运用。1972年邕江宾馆空调工程，是市属建筑企业第一次安装的空调工程。大部分时候建筑师都是通过外廊、遮阳板、天井等被动式设计手法以适应南宁的气候特点。到了20世纪70年代，建筑师们总结出一些在技术和经济上较为适宜的手法，广西壮族自治区博物馆是这一时期当代建筑地域性手法的一个浓缩，其底层架空，综合遮阳、天井庭院等手法为下一时期广西建筑所普遍采用，具有承上启下的意义。而以桂林的风景建筑也为广西当代建筑创作探索出一条乡土建筑现代化之路，并在桂林乃至整个广西推广开来。

## 2.3 发展期（1979~1988年）

进入20世纪80年代以后，随着社会经济发展，人们生活水平的提高，大家对建筑品质也越来越重视。这一阶段的建筑在继承前一阶段建筑的地域性创作手法的基础上有了进一步的发展，建筑师越来越娴熟地运用当代建筑语言表达地域文化。除遵循现代建筑合理的经济结构的特点之外，丰富多样的建筑遮阳、巧妙运用庭院采光通风、顺应地形的建筑布局、简化提炼的民族形式等成为这一时期广西建筑常见的创作手法。

### 2.3.1 丰富多样的建筑遮阳

这一时期广西建筑的遮阳手法有了进一步的发展，遮阳板不再仅仅只是建筑立面附加的防热措施，更成为广西建筑师塑造建筑立面的手段，建筑师在设计时，注重遮阳设施和建筑立面的整体协调，建筑师常常采用连续的窗洞与纵、横向的水泥遮阳板作为建筑立面的基本构图要素，整齐而富有韵律的水泥遮阳板在阳光下产生的光影变幻，既丰富了建筑的空间层次，又强化了建筑的亚热带建筑特征，令广西建筑更加赏心悦目。

丰富多样的建筑遮阳在很大程度上影响了这一时期广西的建筑风貌，塑造了该时期广西的地域性建筑特征，成为重要的装饰性要素，代表性建筑有南宁火车站、广西建工大厦、广西科技馆、桂林工学院（现桂林理工大学）图书馆等公共建筑（图2-15）。

南宁火车站位于朝阳路和中华路交叉地段，原建成于1950年，1952年6月改建，1978年3月再度改建新站，同年12月建成，由柳州铁路局勘测设计院设计。改建的新站是当年全国大型客运站之一，仅次于北京、长沙、广州而名列第四，总建筑面积19332平方米，包括候车主楼、贵宾室、售票厅、站台、办公楼、行包房等功能空间，候车客容量为3500人。

主楼平面采用"一"字形布局，分上下两层候车大厅和上下层进站口，设有由站台直接出站口和地下隧道出站口，交通组织明确，互不干扰。主楼前面设有小庭院及开敞式休

（a）20世纪80年代的南宁火车站

（b）广西建工大厦

（c）桂林工学院（现桂林理工大学）图书馆

（d）广西科技馆旧馆

图2-15　丰富多样的建筑遮阳［来源：（a）www.baidu.com；（b、d）《南宁建筑实录》；（c）《广西当代建筑实录》］

息长廊，体现出岭南建筑结合园林庭院的特点，在喧闹的市中心营造了优美安静的休息环境；建筑南北两个主立面采用白色竖向遮阳条板，衬以大片玻璃窗，既避免阳光直射又使得候车大厅开敞透亮；顶部檐口及两侧外墙饰以壮族图案。整个车站外观具有南方建筑简洁、通透、明快的特征和浓郁的广西民族特色。

### 2.3.2　运用庭院采光通风

广西湿热的气候使得建筑对通风的要求较高，为了获得舒适的生活环境，这一时期随着广西经济发展，大型公共建筑也日益增多，常采用天井、庭院等形式来解决大体量公共建筑的采光通风的问题。不仅能够增加室内外空气的对流，加强通风，还能够缓解暗间采光的问题，减少了对空调、照明用电的需求。代表性建筑有南宁交易场、桂林帝苑酒店等。

（a）南宁交易场

（b）南宁交易场天井

（c）南宁交易场内景

图2-16　南宁交易场（来源：《南宁建筑实录》）

南宁交易场位于南宁市济南路西段，建筑总面积为20911平方米，4层钢筋混凝土框架结构，井字形楼盖，建筑总高度21.5米，南宁市建筑设计院设计，1986年1月建成，是广西最早建成的一座大型贸易市场。该建筑在中部设天井庭园，营业厅环绕天井布置，形成贯穿4层楼的开敞空间，改善各层的采光和通风，具有岭南建筑特色。外墙面以水平线条和浅色调为主，于电梯间和楼梯间处采用深咖啡色，形成色彩浓与淡的强烈对比。而折线形的楼梯栏板又使建筑的外形在简洁中显得活泼大方。（图2-16）

桂林帝苑酒店原名花园酒店，桂林市建筑设计院设计，建筑高7层，面积30000平方米，1987年5月建成，建筑最大特色是具有客房围绕中央大型中庭花园布置，中庭顶部为网架结构玻璃采光顶，空间流通开敞，客房具有良好的采光和景观，园林景观雅致，富有自然的气息，适应广西的气候条件，具有地域特色（图2-17）。

（a）桂林帝苑酒店外观　　　　　　　　　（b）桂林帝苑酒店中庭

图2-17　桂林帝苑酒店（来源：www.baidu.com）

### 2.3.3　顺应地形的建筑布局

广西图书馆位于南宁市民族大道北侧，用地面积4.77公顷，总建筑面积约2万平方米，藏书220万册，是广西最大的公共图书馆。工程于1986年5月开工，1987年7月竣工。建筑由阅览室与书库两个主要部分组成，其中阅览楼建筑面积11977平方米，阅览室座位1600个；书库位于阅览楼前右侧，与阅览楼相通，建筑平面呈矩形，轴线长30.28米，宽15米，建筑面积8012平方米。考虑到用地内一半面积是水塘，广西图书馆没有采用集中式单体，而是将建筑分解为多栋1层、3层、11层的建筑，组合成高低错落非对称布局的建筑群落，并采用了和广西博物馆一样的架空手法，将整个楼群架设于大片水面上，并配以回廊、曲桥串联起来，形成雅致静谧的水上庭院式读书环境（图2-18）。

（a）广西图书馆

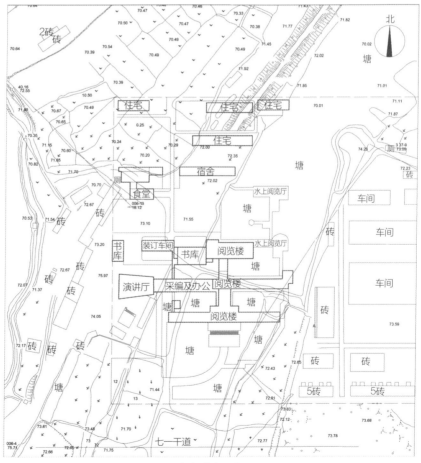

（b）总平面图

图2-18　广西图书馆

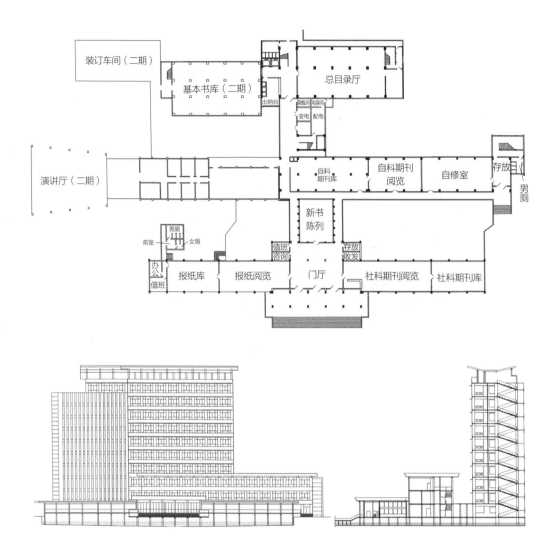

（c）广西图书馆平立剖面

图2-18　广西图书馆［来源：（a）《南宁建筑50年》；（b、c）张伟、王枭萌绘］（续）

### 2.3.4　简化提炼的民族形式

　　基于广西民居形式简化的建筑创作在桂林风景区小型服务建筑上获得成功之后，其手法也被运用于办公楼、酒店、商场、教学楼等大型公共建筑上，代表建筑有南宁明园饭店、桂林桂山大酒店、桂林花桥步行商业区、广西工艺美术学校等。

　　明园饭店位于南宁市新民路，毗邻南宁市白龙潭公园，主楼为5层框架结构，附属餐厅、厨房、库房为单层框架结构，总建面积为6843平方米，该楼设计平面紧凑，功能分区合理，通过几个小庭园把各个功能分区自然地结合成一组环境幽雅的园林建筑。在建筑造型上吸收了广西传统民居的吊脚楼、小平瓦、壮锦等特点。该楼外墙饰黄色干粘石面层，金黄色琉璃瓦屋面。该工程于1983年7月开工，1985年11月竣工。（图2-19）

桂林桂山大酒店是全国首批七家四星级酒店之一，桂林市建筑设计院设计，1988年建成，总建筑面积56720平方米，框架结构，地下一层，地上最高5层。平面采用多层与底层水平展开的庭院式建筑布局，使庞大的容量能很好地融入漓江自然环境中，立面采用简化的侗族鼓楼和民居形式，成为桂

图2-19　南宁明园饭店一号楼（来源：www.baidu.com）

林市富于民族形式与地方特色的代表性建筑之一，也成为之后桂林市旅游酒店设计的范本。（图2-20）

桂林花桥商业步行街建于1989年，总建筑面积20255平方米，桂林市建筑设计院设计，建筑以低层为主，借鉴桂北民居的建筑形式以体现桂林建筑的地方特色（图2-21）。

图2-20　桂林桂山大酒店（来源：www.baidu.com）

图2-21　桂林花桥商业步行街（来源：《广西当代建筑实录》）

　　20世纪80年代，在技术和经济水平并不发达的条件下，建筑师充分发挥聪明才智，发展出多样化的建筑手法以适应南宁的地域环境和文化，这些地域性的设计手法给这一时期的南宁建筑留下了鲜明的时代印记。

图2-22　广西保险公司办公楼
（来源：《南宁建筑50年》）

　　虽然这时期的建筑遮阳、自然通风采光等一些设计手法对于改善建筑内部环境起到了一定的作用，但其作用还是有局限性，尚不能完全满足人们对建筑舒适性的需求。因此，在20世纪80年代的末期，随着经济和技术水平的提高，玻璃幕墙和中央空调逐渐运用在南宁的公共建筑中。

　　如位于南宁市星湖路的广西保险公司办公楼。建筑总高64米、17层，建筑面积11655平方米，框架剪力墙结构。1986年10月开工，1988年12月竣工。大楼采用大面积的镜面不锈钢包柱，古铜色铝合金镀膜镜面茶色玻璃幕墙，并点缀少量的玻璃马赛克及花岗岩面板，充分运用了材料的色彩和质感。在广西保险公司办公大楼的设计中，虽然建筑立面上还是运用了类似竖向遮阳板的手法，但其实已经没有了遮阳的实际意义，仅仅是作为一种立面装饰存在（图2-22）。

## 2.4　徘徊期（1989~1998年）

改革开放打开了中国建筑对外交流的大门，境外建筑师、建筑思想也越来越多地进入广西，由于刚进入广西的境外建筑师对于广西特有的地理、气候、文化等并不熟悉，因而作品成为国外样式在广西的简单复制嫁接，缺乏与广西地域环境、文化的融合，但新思想、新材料、新设备以及由此产生的新形式作为表达时代精神的有效手段而迅速在广西大地上传播开来。

桂林香江饭店建筑面积19840平方米，由香港巴马丹拿建筑事务所与桂林市建筑设计院联合设计，1989年建成营业，建筑一改上一时期桂林建筑坡屋顶、园林布局、多层建筑为主的形式，饭店主楼建筑造型采用高67.8米、直径30米的圆柱形框筒结构塔楼，共20层，顶层为广西区内最早落成的旋转餐厅（图2-23）。

南宁国际大酒店位于南宁市琅东新区，风景秀丽的南湖桥头，酒店主楼面积44519平方米，25层、高88.7米，香港戚务诚建筑师与广西建筑综合设计研究院联合设计，1995年竣工。南宁国际大酒店逐级跌落的建筑造型在当时显得别具一格，楼顶镶嵌的玻璃球体，内设可旋转的观景餐厅，隐喻广西壮族的吉祥物绣球。然而除此之外，建筑并没有太多考虑地域因素，如建筑为了客房的景观视线，主体大部分为东西朝向，缺乏相应的遮阳处理，也不利于自然通风（图2-24）。

图2-23　桂林香江饭店

图2-24  南宁国际大酒店［来源：华蓝设计（集团）有限公司）］

　　1989~1998年，广西经济持续发展，这一时期广西建筑全面进入了高层时代，建筑设计上有建筑空调化、玻璃幕墙化和立面简洁化三个特点。建筑设计追求现代主义的简洁形体，大的体块构成与切削，突出力量感与雕塑感；形式服从功能，细部考虑处于次要地位，上一个时期建筑立面常见的立面遮阳板、民族图案装饰消失了，取而代之的是大面积隔热性能不佳的单层镀膜玻璃幕墙，室内温度全靠中央空调系统调节。新材料似乎成了建筑等级的身份象征。人们在享受现代建筑技术带来的舒适感受的同时忽略了建筑的地域性，在建筑能耗大幅增长的同时广西建筑乃至城市的地域特点逐步消失。

## 2.4.1  建筑空调化

　　由于广西大部分地区夏季持续时间较长且炎热，夏季持续的高温酷暑导致广西建筑的室内热环境质量较差，夏季广西建筑的室内温度可高达30~33℃，在室内的工作和生活的人们往往大汗淋漓，虽然广西建筑普遍采用遮阳通风等被动式防热措施，但是室内温度仍难以降到理想的舒适度。

　　随着广西经济持续发展，生活水平的不断提高，人们日益渴望改善建筑热环境质量。这一时期，空调已不再成为奢侈品，建筑师在设计中开始广泛运用空调营造舒适的室内环境以取代自然通风的手法，淡忘了防热的基本理论和措施。之前常见的遮阳、自然通风等手法逐步被摒弃，取而代之的是大量采用中央空调，但在建筑室内舒适度提高的同时，广西建筑的能耗尤其是公共建筑的空调能耗随之急剧增大。

### 2.4.2 玻璃幕墙化

20世纪80年代初期，自美国艾勒比-贝克特设计公司设计的北京长城饭店（图2-25）起，玻璃幕墙这种新材料作为表达建筑时代精神的有效手段而迅速在国内得到传播，无论是在大江南北处处可见玻璃幕墙的身影。

图2-25 北京长城饭店（来源：www.baidu.com）

1990年竣工的中国工商银行广西分行营业办公楼，建筑共17层，总建筑面积9387平方米，楼前是风景如画的南湖公园，建筑面湖一侧3层以上主立面全部采用镜面玻璃幕墙，力求与南湖的秀丽景色相映成趣（图2-26）。

广西新闻出版局办公楼，建成于1998年，建筑面积20423平方米，建筑位于南宁埌东开发区中心金湖广场旁，为突出出版管理的特点，建筑立面隐喻"书"的造型，像两侧展开的"书页"采用大面积玻璃幕墙，虚实结合。（图2-27）

图2-26 中国工商银行广西分行

图2-27 广西新闻出版局办公楼

### 2.4.3　立面简洁化

1983年，由广州市建筑设计院余畯南、莫伯治两位建筑师设计的广州白天鹅宾馆落成。（图2-28）这是改革开放后我国自行设计的第一批高层建筑中的典范，其体现时代精神的简洁而明快的主体形象，将岭南文化的精神与现代建筑体现的和谐统一，成为国内高层建筑设计纷纷效仿的对象。20世纪80年代，深圳特区的建立及其历史定位与其大规模、高速度的现代城市建设吸引了大批中外建筑师抢滩深圳，诞生了一大批有影响力的建筑，尤其是以深圳国贸为代表的高层建筑（图2-29），这一时期的深广建筑以其新颖的材料、结构和形式在国内独领风骚。

20世纪80年代末广西建筑进入高层时代后，也深受深广建筑的影响，建筑形体简洁干练。如1989年6月建成的南华大厦（图2-30），是一座具有旅馆、办公、商场及屋顶花园的综合性大型高层建筑。 1991年建成的广西商业大厦（图2-31）则明显借鉴深圳国贸的设计，主体建筑立面以茶色为基调，以简洁的白色线条作竖向分割，顶层设旋转餐厅兼舞厅，建筑高耸挺拔，具有现代商业建筑气息。

这一时期也有一些建筑师尝试将新的建筑技术与广西文化相结合，打造具有广西地域特点的建筑。如1990年6月建成的广西金融大厦，建筑师将建筑一层沿街面设计成架空的外廊，一来可以适应南方夏季多变的气候特点，为行人遮阳避雨，二则可以在现代商业建筑中延续南方传统骑楼的建筑文化（图2-32）。

图2-28　广州白天鹅宾馆

图2-29　深圳国贸大厦（来源：www.baidu.com）

图2-30　南华大厦（来源：《南宁建筑50年》）

图2-31　广西商业大厦（来源：《南宁建筑50年》）

图2-32　广西金融大厦（来源：《南宁建筑50年》）

　　1996年建成的广西人民会堂，位于首府南宁市民族广场北部，北临东葛路，南面民族大道。建筑总占地2.4公顷，总建筑面积4.8万平方米，建筑高26米，长178米，宽51米，最高点为60米。建筑立面采用大面积玻璃幕墙和石材、浮雕虚实结合，在顶部造型上，取广西侗族传统公共建筑——鼓楼的形态提炼和简化，成为建筑的视觉中心。建筑与流行中国的欧美新古典主义风格建筑（图2-33）形体比例颇为相似，为表达民族形式，将穹顶变为鼓楼的简化形式，将三角形山墙改为金黄色琉璃瓦，浮雕等装饰完全广西化（图2-34）。此手法类似于20世纪50年代广西展览馆的装饰主义的手法，并不能称之为真正意义上的广西当代地域性建筑。

图2-33　某新古典主义建筑（来源：www.baidu.com）

图2-34　广西人民会堂（来源：www.baidu.com）

随着广西经济水平的提高和建筑技术的进步，境外建筑新思想也不断融入现代建筑设计，同时新材料和新技术的出现和应用等因素都在影响着广西现代建筑的发展。这本身是好事，但盲目地崇拜和依赖空调等新技术，否定前一阶段广西建筑在地域性上取得的成果，结合自然气候的理念和巧妙的遮阳通风技术被淡忘，随之而来的是南宁建筑地域性特征淡化，建筑能耗大幅增加等一系列问题。F.L.赖特说过："我认为空调是一种危险的东西，温度骤然变化，割裂了建筑，也损坏了人的身体"[①]。这一时期广西的建筑虽然在舒适性上有了一定的提高，但是却是以牺牲建筑地域特色以及高能耗为代价的。虽然在个别建筑上仍可以看出建筑师对建筑地域性表达的一些新的尝试，但在总体上可以说这一时期是南宁地域性建筑创作的徘徊期。

## 2.5　复兴期（1999年至今）

随着国家西部大开发战略实施、中国—东盟自由贸易区以及广西北部湾经济区的建设的，广西进入了一个城乡建设快速发展的时期。这一时期的建筑创作手法呈现出百花齐放百家争鸣的繁荣场面，与上一时期相比，注重建筑的舒适性的同时，突出地域性的创作思潮复兴，如何体现建筑的地域特色也成为建筑师主要考虑的问题。这一时期如南宁国际会展中心、广西体育中心主体育场、广西科技馆、广西民族博物馆、柳州奇石馆、桂林一院两馆等重要的公共建筑上都体现了建筑地域性的新尝试。

南宁国际会展中心占地面积40公顷，是中国—东盟博览会的会址，由德国GMP设计公司和广西建筑综合设计研究院联合设计。南宁国际会展中心由主建筑、会展广场、行政综合楼等组成，其中主建筑总建筑面积为15.21万平方米，其中包含14个大小不同的展览大厅，设有可容纳1000人的多功能大厅一个，标准展位3000个，以及会议室、餐厅、新闻中心等辅助用房。项目于2001年动工兴建，2003年一期工程投入使用，2005年二期工程竣工。与20世纪80年代末最初进入广西的境外建筑师的若干作品相比，优秀的境外建筑事务所在努力了解广西的地理、气候和文化后，已不再满足于对国外成品的复制，而是将项目的具体特点和国外的新技术新思维结合起来，创作一个具有广西地域特点的新建筑。

南宁国际会展中心位于南宁凤岭片区的门户，南宁市主干道民族大道南侧，场地内的丘陵地形成为设计的制约条件，场地内丘陵最高处与民族大道高差达50余米，建筑师没有采用大开挖的方式将场地平整，而是采用尊重自然地形的地域性设计理念，依山就势逐层

① 吴良镛. 广义建筑学[M]. 北京：清华大学出版社，2011，04.

升高场地，沿民族大道一侧较低的部分布置会展广场，将会展中心的主体建筑设置在山丘最高处。为了进一步突出建筑的主体形象，切合广西的地域文化，在会展中心主体建筑多功能大厅的顶部，设计了一个膜结构的拱顶，仿佛一朵绽放于山丘之上的巨大的南宁市市花朱槿，又好像是广西少数民族少女的裙摆，12瓣白色花瓣，意喻广西21个世居民族团结一致，体现广西的地域文化。对地形的巧妙利用和造型独特的建筑形态使会展中心得以在高楼密布的城市天际线中突出成为城市的地标。（图2-35）

广西科技馆是广西壮族自治区成立50周年大庆重点献礼项目，位于南宁市民族大道，地处广西首府政治、经济、文化中心，毗邻民族广场、广西人民会堂和广西博物馆等重要公共建筑。建筑由中国航空工业规划设计研究院设计，于2008年建成，占地面积14655平方米，总建筑面积近4万平方米。

建筑师希望在广西科技馆建筑中体现广西的地域特征，将壮族的铜鼓和民族服饰中的羽人图案等广西民族文化元素以及桂林的象鼻山、阳朔的月亮山等广西风景名胜简化提炼融入建筑的造型和构图设计中；球形的科技馆穹幕影厅设计则意喻孕育新生命的北海珠贝，蕴涵着"科学孕育未来"和"明珠育人"的美好愿景（图2-36）。

图2-35  南宁国际会展中心［来源：华蓝设计（集团）有限公司）］

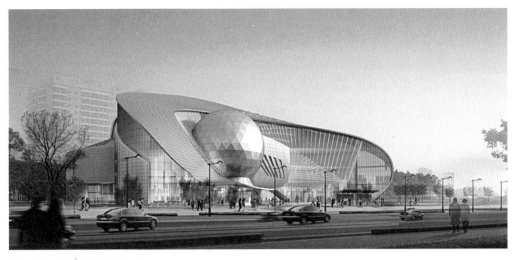

图2-36　广西科技新馆（来源：www.baidu.com）

广西体育中心工程总占地约133公顷，总建筑面积约50万平方米。该工程位于南宁市五象新区核心区五象大道南侧，工程包括体育场、体育馆、游泳跳水馆以及现代化的网球中心。设计采用隐喻的手法，扁圆形的网球中心隐喻种子，梭形的游泳馆仿佛是叶芽，体育馆屋盖犹如张开的嫩叶，主体育场多曲线屋面则意喻两片飘动的绿叶，通过"绿叶"成长的生态过程来表达南宁绿城的内涵。广西体育中心一期主体育场于2010年正式投入使用，二期体育馆、游泳跳水馆以及网球中心于2011年底竣工（图2-37）。

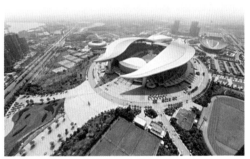

（a）广西体育中心

（b）广西体育中心主体育场

图2-37　广西体育中心（来源：www.baidu.com.）

柳州奇石馆位于柳州市马鹿山公园，总建筑面积12392.8平方米，建筑高度22.13米，是迄今为止中国最大的奇石专类展馆。建筑由天津大学建筑设计规划研究总院张华工作室设计，于2009年11月开工建设，2011年10月28日正式对外开放。（图2-38）

建筑师从马鹿山周边独特的喀斯特地貌，以及广西来宾的纹石在湍急的流水冲击下表面产生的花纹中得到灵感。通过一系列的拓扑变换和分形几何的无规自相似与自仿射的变化，曲——水的典型特征，折——山的典型特征在一个形体中互不矛盾的和谐统一在一起，形成马鹿山奇石展览馆前曲后折，山水一体和谐变化的空间形体。与周边环境及奇石馆的建筑内涵取得呼应。

桂林"一院两馆"项目位于桂林市临桂新区中心区的中心公园西北侧，北侧为公园北路、南侧为山水大道、西侧为平桂路、东侧为凤凰西路，是桂林市重点发展的多功能现代化综合性城市新区中的重要组成部分。由清华大学建筑设计研究院设计，2014年建成。（图2-39）

项目总用地面积约11.57公顷，总建筑面积105965平方米，包括大剧院工程建筑面积19555平方米，图书馆工程建筑面积31580平方米，博物馆工程建筑面积31300平方米，以及配套附属设施文化广场建筑面积23530平方米。大剧院、博物馆和图书馆组成一个品字形建筑群落，建筑运用桂北民居建筑的形式符号以体现桂林文化特色和历史内涵，同时以钢结构等现代建筑科技和材料展现新桂林的时代风貌。

图2-38　柳州奇石馆（来源：刘晶摄）

图2-39  桂林"一院两馆"

## 2.6　本章小结

在本章中，通过对广西当代地域性建筑发展的历程的回顾，我们可以看到，新中国成立后广西建筑界一直在探索适宜广西的地域性建筑创作之路，也创作了不少优秀的地域性建筑作品。在经济和技术条件较为落后的20世纪50~70年代建筑师们非常重视采用低成本的地域性设计手法去改善建筑环境，而当80~90年代经济发展技术水平提高后，建筑师却忽略了地域性的建筑手法。进入21世纪，人们重新开始重视建筑的地域性表达，地域性建筑创作呈现出百花齐放的繁荣局面，建筑师从地域文化、自然环境和技术理念等不同角度诠释着对建筑地域性的理解，但是在繁荣的背后可以看到在南宁当前的地域性建筑创作中仍存在种种问题，如在建筑设计中将"民族性"等同于"地域性"、将"传统性"等同于"地域性"，缺乏对地形地貌的尊重，缺乏对气候和节能的关注，缺乏技术观念和技术创新以及行政干预对建筑设计的影响等，制约了广西地域性建筑创作的发展。

第 3 章

对广西当代地域性
建筑的思考

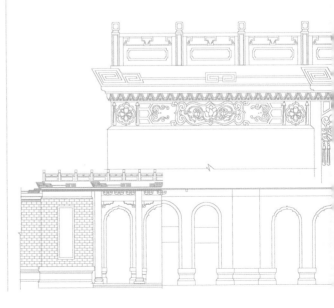

## 3.1  当前广西地域性建筑创作中存在的问题

### 3.1.1  将民族性等同于地域性

建筑的地域性是"突出空间因素的作用，因自然条件所产生的建筑属性"，而民族性是"突出种族因素的作用，因信仰习惯所产生的建筑属性"①。在《辞海》中对艺术的民族性描述为："运用本民族的独特的艺术形式、艺术手法来反映现实生活，使文艺作品有民族气派和民族风格。"广西是少数民族聚居的地区，广西各族人民立足于自己本民族的文化艺术传统和审美意识，利用本民族所特有的艺术形式和手法来表达现实生活，并形成了铜鼓、壮锦、绣球、岩画等特色鲜明的民族文化元素。这些民族文化元素广泛被运用到广西当代的建筑设计、服装设计、视觉传达、公共艺术等领域。

目前，在广西地域性建筑创作中存在这样一种误区：不少业主总是将民族性等同于地域性，要求建筑师在建筑创作中，一定要使用"壮锦、铜鼓"等传统民族形式来体现所谓的"民族风格"。而许多建筑师虽然关注对广西民族文化的继承和发展，但往往缺乏对民族文化的深层理解，在设计中只停留在将民族元素简单复制的手法，从而导致建筑流于形式，如南宁市武鸣县体育馆，为突出壮乡特色，"当地主管部门要求使用铜鼓来设计建筑，在最初，所有的设计师都非常反对和抵触这一做法，但后来，经过冷静的思考，我们只是吸取了铜鼓的外形曲线，以及鼓面边缘的装饰，在设计中仍然是从功能、空间出发，通过对圆形建筑在采光、遮阳、通风方面的分析，最后在外墙上使用了弯曲的钢结构骨架和玻璃幕墙，以及连续的、水平的金属遮阳。通过建筑化的处理，对一个具有象征意义的铜鼓进行建筑转化……"②与此相类似的建筑还有广西民族博物馆、西林剧院、广西铜鼓博物馆方案等（图3–1）。

首先，建筑中民族元素的运用应该是抽象的表达，而不是具象的反映。如1987年建成的位于法国巴黎的阿拉伯世界文化中心，法国建筑师让·努维尔（Jean Nouvel）在建筑南立面上运用取自阿拉伯穆沙拉比叶窗（moucharabien）多边形的图案设计出精妙的立面构件以凸显阿拉伯文化并取得成功；其次，仅仅是运用特有的民族形式符号的建筑并不等同于地域性建筑，让·努维尔本人就一直强调阿拉伯世界文化中心不是阿拉伯建筑而是西方建筑（图3–1f）。

### 3.1.2  将传统性等同于地域性

建筑的地域性不等于地方传统建筑的仿古与复旧，而是在遵循现代的标准与需求的基础上，吸收并发展地域建筑中可继承性的精华。

---

① 邹德侬. 中国地域性建筑的成就、局限和前瞻[J]. 建筑学报，2002，5：4.
② 非亚. 广西当代建筑创作漫谈[J]. 广西城镇建设，2013，8：16.

（a）南宁市武鸣体育馆

（b）广西民族博物馆

（c）广西西林剧院

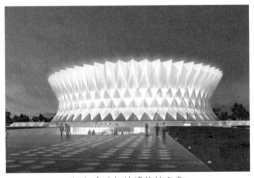

（d）广西铜鼓博物馆方案1

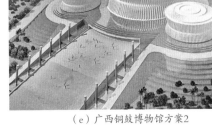

（e）广西铜鼓博物馆方案2

图3-1　运用民族元素的建筑创作

（f）阿拉伯艺术中心

图3-1 运用民族元素的建筑创作［来源：（a）《广西城城镇建设》；（b~f）www.baidu.com］（续）

当代的地域创作绝不能是简单的拷贝传统建筑符号，芒福德认为：地域主义建筑创作应摆脱其原有的形式，拒绝历史决定论，因为前人使用过的形式属于曾经的文明或是过去的时代，地域主义的真正形态应该是最接近于现实生活境况。

邹德侬先生说过："我们十分推崇传统，却又缺乏对传统精神的研究和发扬，无论弘扬传统文化还是表现民族自豪，甚至转达建筑师的个人爱好，推崇传统绝无可非议。问题在于60年间都在用现代技术凭空架起古老的躯壳，用坚不可摧的钢筋混凝土模仿木头，再用油漆保护坚不可摧的钢筋混凝土，这恰恰是严重违背传统精神的"[1]。

如桂林一院两馆项目，按照设计任务书要求，三个项目在整体设计上，要结合桂林山水的自然风貌，能够成为桂林城标志性建筑。其中，桂林大剧院要能体现桂林几千年以来的历史文化内涵，并在一定程度上具有"甲天下"的山水特色；桂林博物馆在外观上要体现地方特色，并具有大气、精巧的特点，集中体现出桂林历史文化；而桂林图书馆则要求功能齐全。清华大学建筑设计院设计的方案以其较强的整体性，与城市规划的整体空间意图较吻合，比较突出地体现了桂林的"山、水、云"地域特征等优势一举中标，其手法突破了20世纪60年代以来桂林建筑以桂北民居为蓝本的做法，采用流线型的曲面造型，具有较强的时代感与标志性。然而令人遗憾的是，由于种种原因，最终实施的方案又回到了复古主义的模式。由于图书馆、博物馆等建筑尺度巨大，在其上覆盖的坡顶也极其巨大，与广场中的鼓楼、风雨桥等建筑形成强烈的反差（图3-2）。

---

① 邹德侬. 两次引进外国建筑理论的教训——从"民族形式"到"后现代建筑"[J]. 建筑学报，1989，11：50

（a）桂林一院两馆中标方案　　　　　　　　　　（b）桂林一院两馆实施方案

（c）桂林一院两馆实景

图3-2　桂林一院两馆［来源：（a、b）www.baidu.com］

　　艾定增教授曾说："中国古建筑的形体空间不能适宜今日之新材料、结构、技术、社会生活及文化观念，故必须抛弃仿古复古的形似法。又因为中国古建筑在发展过程中积累了人之智慧与创造，故这种精神必须发扬光大，乃倡神似之路。"[1]他提倡中国建筑应该脱胎换骨，并援引《辞源》解释"脱胎换骨"："道家语。谓脱别人的胎而转生，换去俗骨而成仙骨。后用以比喻师法前人而不露痕迹，并能创新。"这样理解，建筑的脱胎换骨才是真正的"神似"。

　　广西当代建筑的地域性设计应该继承的是传统地域性建筑的精神，如结合地形和气候特点、就地取材、生态环保、经济适用等营造理念。简单地把继承传统理解为对传统建筑形象"形似"的模仿不仅抑制了当代地域性建筑的创新，实际上也阻碍了对传统精神的更深层次的继承和发扬。

### 3.1.3　缺乏对地形地貌的尊重

　　广西总体是山地丘陵性盆地地貌，海拔200米以上的山地与丘陵约占广西土地总面积

---

[1] 艾定增. 神似之路——岭南建筑学派四十年[J]. 建筑学报，1989，10：23.

的一半。自古以来,对于地形的尊重一直是广西传统建筑的特点,如侗族的程阳八寨,从场地设计到建筑单体,无不体现对地形地貌的尊重。

几乎所有的广西城市都具有独特的地形地貌,像桂林这样山水甲天下的城市,自然地貌是城市景观的主体。城市内的建筑无论是布局、形态、尺度以及色彩等都有着严格的规定,必须顺应桂林山水地貌。但是在其他城市,对于地形地貌的保护则不尽人意,如广西的首府南宁,虽然没有甲天下的桂林山水,但是也是一个地形地貌特点显著的山水之城。"南宁市地形是以邕江河谷为中心的盆地形态。这个盆地向东开口,南、北、西三面均为山地围绕,北为高峰岭低山,南有七坡高丘陵,西有凤凰山(西大明山东部山地)。形成了西起凤凰山,东至青秀山的长形河谷盆地。水网密布,有大岸冲、马巢河、凤凰江、亭子冲、良凤江、良庆河、楞塘冲、八尺江、石灵河、石埠河、西明江、可利江、心圩江、二坑溪、朝阳溪、竹排冲、那平江、四塘江等十八条内河,盆地中央成为各河流集中地点,右江从西北来,左江从西南来,良凤江从南来,心圩江从北来,组成向心水系。"①

随着南宁城市建设强度增大,城市中心区的水系或被压缩或被封闭成为暗渠甚至消亡,另一方面,南宁城区范围从中央平原向外扩充到周围的丘陵山地,丘陵的地形特点是多起伏,建筑的布局和设计与平坦地形相比较有很大的差异。在复杂地形条件下进行规划,如果仍搬用平原上的设计手法,势必既增加城市建设与经营的费用,又破坏了山地城市的建筑艺术面貌,同时也影响了环境。最终将导致南宁山水城市的地域特色的消亡。

南宁市也意识到保护和恢复城市山水地貌的重要性,2007年8月南宁市编制了《广西南宁市城市水系整治控制规划》。规划于2011年3月16日获得南宁市人民政府批复同意实施。但在对城市山地地貌的保护上则不尽人意,如南宁市东郊的凤岭片区,在南宁市城市规划设计院所做的《南宁市凤岭分区规划》中,明确提出"保持凤岭丘陵地貌特点,控制现状自然的山体和水面,依山傍水地进行居住布置,创造体现生态特点的居住环境。"②然而,现实的情况是,在南宁凤岭片区,很多建筑在设计时,没有考虑凤岭片区的地形环境和相关规划的要求,按照平坦地形的建设模式进行设计,依赖现代的工程机械,简单粗暴地采用推山填沟的手法处理地形,导致凤岭片区的丘陵形态几近消失殆尽(图3-3)。

① 百度百科. 南宁[OL].
　　http://baike.baidu.com/link?url=tRxg_DUnEPLnimDEasIK3jZY7aRSePgmfcXfdYOUMjqTR2vZ1Nu3uJqA5O
　　Y5dZ-YvMfNe1IqTHLyxiblKh0Vjq, 2015-03-01.
② 中国城市规划行业信息网. 南宁市凤岭分区规划[OL]. http://www.cityup.org/case/zone/20070630/32417.shtml,
　　2007-07-01.

图3-3　南宁凤岭片区开挖的山体

　　如位于凤岭北片区规划建设的某城市综合体项目，80万平方米的超大体量，468米超高层建筑，项目规划了SHOPPING MALL、5A甲级写字楼、BLOCK街区、五星级酒店、两大城市广场、音乐雕塑公园等，融合了休闲购物、行政办公、星级酒店、交通换乘、餐饮娱乐、城市广场五大城市功能（图3-4）。

　　在丘陵地区建设如此超大体量的城市综合体，应当将巨大的体量分解成为多个相对较小的功能模块，顺应项目用地起伏多变的地形，在不同的高程上灵活布局居住、商业、办公等功能模块，使建筑群体高低错落，体现山地建筑的特点。然而从方案上看，该项目的建筑方案设计上与平地上建设的城市综合体无异，未能体现山地建筑的特点。

　　地域性建筑是特定用地条件下的产物，一旦脱离了地形的制约，地域性建筑本身就失去了赖以存在的依据，无论再采用何种技术手段也无法称之为地域性建筑。

### 3.1.4　缺乏对气候和节能的关注

　　广西地处祖国南疆，地域气候特征比较明显，通过对广西建筑发展的回顾我们可以看到，在20世纪90年代以前，广西的建筑大多是从应对气候的角度出发而进行创作。然而在经济发展以后，由于经济技术水平的提高，建筑创作走入以技术对抗自然而不是顺应自然气候的误区，对于之前广西建筑在适应气候方面已经取得的现代性成就，盲目地予以否定，取而代之的是所谓国际风格的现代建筑，最为典型的首推玻璃幕墙的泛滥，仿佛没有玻璃幕墙建筑就没有了档次。不仅新建建筑玻璃幕墙化，还对20世纪50~80年代的一些具有地域性特征的当代建筑进行玻璃幕墙化、空调化改造，如广西体育馆、南宁火车站、广西图书馆、广西电视台的外立面改造（图3-5），将采光通风的中庭封闭改为全空调空间，

图3-4　南宁凤岭某综合体设计方案（来源：www.baidu.com）

（a）改造后的广西电视台

（b）改造后的南宁火车站

（c）改造后的广西图书馆

图3-5　改造后的广西电视台、南宁火车站、广西图书馆［来源：（a）www.baidu.com；（b、c）《南宁建筑50年》]

遮阳百叶拆除代之以大面积玻璃幕墙，导致建筑原有的地域性特征消失，令人惋惜。

如今，虽然广西建筑创作的主流思想从所谓的国际性回归到地域性的大方向，但在建筑创作的初始阶段，往往将"民族元素"和"传统形式"作为建筑创作的源泉，罕有从顺应广西气候特征的角度出发的建筑创作，即便在方案创作中考虑的建筑适应气候的问题，也很少提出创新的气候应对手法。总体来说，和20世纪70、80年代相比，目前广西大部分新建筑应对气候的手法并没有太大的创新。

缺乏对气候和节能的关注还体现在设计技术手段的运用上，在方案设计阶段，建筑师如果能够意识到建筑整体遮阳、通风效果的重要性，通过风、光、热环境模拟分析，能从宏观上提出有利于建筑节能的总体设计方案，最大限度地适应当地气候，对于减少建筑能耗，实现生态建筑设计具有重要意义。然而，在广西当前的建筑创作中，在方案设计阶段，罕有建筑师运用遮阳、通风模拟等技术手段为建筑设计提供科学依据，往往是凭经验进行设计，在建筑方案的设计说明中，关于节能的说明往往和消防、结构、设备一样都是作为一个附属的篇章，其内容也往往是千篇一律的标准化设计，缺乏有特色气候应对措施。直到施工图设计，才运用节能计算软件进行计算，而此时即便在建筑总体设计上有缺陷，也很难从根本上改变，只能进行局部的修正。

正如邹德侬先生所说："在探索各地域节地、节能的绿色技术、处理恶劣气候的地方性措施等方面显得不足，特别是在倡导可持续发展原则的今天，这个局限显得十分突出。"[①]

### 3.1.5　缺乏技术创新和技术观念

邹德侬先生曾说："我国的地域性建筑还有另一个明显的缺陷，就是缺少技术因素的支持，特别是高科技的支持，当然印度地域性建筑也存在同样问题。这固然有科技水平、经济条件的限制，但建筑师在地域性建筑创作上，缺乏对技术因素的主动追求也是不可否认的，这一点对地域性建筑未来的发展，具有相当的制约作用。"[②]

目前，广西建筑在形式上发展很快，但在结构等建筑技术体系上远远跟不上建筑形式上的变化，只有形式创新无适合的技术体系创新。在建筑创作中，建筑师们往往把大部分精力倾注在建筑的造型理念上，罕有花工夫去研究建筑技术，也许有一个很好的设计理念，却不知采用何种建筑技术去实现。广西侗族的风雨桥、鼓楼及民居是广西具有代表性的传统地域建筑。笔者在广西柳州三江程阳八寨考察时曾与92岁高龄的侗族建筑世家杨善仁老先生交流，他认为一个好的侗族墨线师（建筑师）应该具有审美能力、结构知识以及施工技术。由此联想到王澍，他喜欢到乡村去，看丰富的中国传统建筑遗存、材料、建

---

① 邹德侬. 中国地域性建筑的成就、局限和前瞻[J]. 建筑学报，2002，5：7.
② 邹德侬. 中国地域性建筑的成就、局限和前瞻[J]. 建筑学报，2002，5：5.

造、结构等。他在工作室中，不仅会画，也会做，不仅是建筑师，同时也是工匠。只有了解建筑的技术，在建筑创作中才不会停留在造型设计的层次，在地域性建筑创作中才能选择适宜的结构、材料及构造形式，建筑所体现出来的地域性才不是一种表面的"地域性"。

20世纪80年代以后，在追赶世界的建设大潮中，中国社会对体现时代进步的技术美的需求日趋强烈，于是，钢结构、玻璃幕墙、铝材等新技术和新材料在建筑中得到大量运用，形式上极力表现最新的建筑技术和材料的设计倾向也影响了广西建筑师的思维并体现在其建筑作品中。

如1998年建成的南宁金城大厦，坐落于有"南宁的小香港"之称的南湖高层建筑群之中，建筑高28层，总建筑面积约2.8万平方米。建筑采用新颖的八边形平面，整个建筑通体采用蓝色镜面玻璃幕墙，与立面的八根框架柱构成虚实结合的建筑形体，框架柱外露出来，并涂上银灰色金属漆，建筑从26层开始收分，并向上延续汇聚成一个镂空的塔尖，塔尖之上冠以金属天线，表现直冲云霄的力量感。在这个建筑创作中，建筑师在创作中着力体现新技术和新材料所产生的时代感以求在高楼林立的周边城市环境中脱颖而出。但是美中不足的是，由于当时广西在钢结构技术、施工工艺、财力等方面的差距及实践不足，建筑主体未能运用钢结构技术，而是运用钢筋混凝土框架模仿了钢结构轻巧、可塑性强、工艺精细等特征。在同一时期广西的很多建筑中，建筑师只是将金属、玻璃这些新材料作为一种时髦的建筑饰面材料来代替以往的瓷砖、涂料等，并非真正意义上的技术性思维（图3-6）。

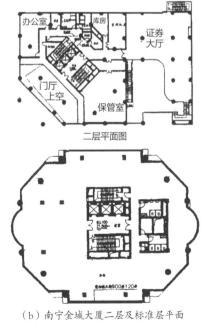

（a）南宁金城大厦　　　　　　（b）南宁金城大厦二层及标准层平面

图3-6  金城大厦［来源（b）：广西土木建筑2000.12：172］

如果说金城大厦反映的是广西在建筑技术上的一种现实的无奈,那广西科技馆设计则是走入了一个地域性创作的误区。作为一个以"探索·科技·创新"为主题的21世纪的科技展览建筑,本应将建筑高技术与广西地理气候、环境、文化相结合,追求既富有时代创新精神,又蕴含地域文化内涵的建筑作品。遗憾的是广西科技馆新馆的建筑设计中缺乏技术创新,既没有运用任何体现时代进步的创新性技术,仅在钢筋混凝土的建筑结构外包裹上一些时髦的材料以体现所谓的"科技感",如珍珠般的穹幕影厅就是在混凝土壳体外覆盖上玻璃幕墙;也没有选择顺应广西地域气候的适宜性技术,而主要是从造型上通过桂林山水、铜鼓、民族服饰、珍珠等形态元素来体现所谓的"地域文化"(图3-7)。

建筑的地域性不应是仅仅停留在建筑造型的层面,用新材料去模仿某一种地域元素的形态,而是应该充分发挥新技术的特性,去创造一个能够适应当地的地理及气候环境、体现地域文化和时代技术特征的创新型地域性建筑。

随着广西的经济不断发展,大跨度、超高层建筑在广西大地如雨后春笋般出现,对建筑技术的要求也越来越高,发展创新型建筑技术已成为大势所趋。但目前而言,广西在建筑技术的创新方面与国内发达地区还存在很大差距。

以建筑钢结构技术为例,钢结构具有轻质、高强、抗震性能好、便于工业化生产、施工安装工期短等优点,属于典型的节能环保型结构类型,符合发展循环经济和可持续发展的要求,是国家大力推广应用的建筑结构形式。我国钢结构的制作安装处于世界领先地位,设计接近世界先进水平。但在广西,建筑钢结构应用与国内发达地区比较还存在很大差距。一是钢结构施工企业实力薄弱,如广西体育中心的钢结构施工都是由东南网架等区外钢结构企业施工,钢结构设计力量薄弱;二是广西本地设计机构钢结构设计力量比较薄弱,钢结构设计很多都需要钢结构公司协助深化设计,更勿论创新了。造成这样的局面既有客观的原因也有主观的原因。

客观上制约广西钢结构发展的首要因素在于经济,广西经济发展水平长期以来在国内相对较落后,广西当代建筑也长期遵循将"经济"排在第一位的建设方针,而中国的钢产量到20世纪90年代才进入买方市场。在20世纪50~60年代,中国的钢铁等材料尚属于稀缺物资,价格昂贵,主要用于工业建筑,在民用建筑中难以推广,因而现代主义的技术基础尚未在广西形成。1990年以前广西的钢结构建筑寥寥无几,民国时期建成的32米高的南宁新华街水塔是广西较早的高层钢结构建筑;20世纪50年代初,南宁糖厂制炼车间使用钢框架、钢屋架;1966年建成的广西体育馆屋盖采用了当时较为先进的三角桁架钢结构屋架;1974年落成的南宁剧场舞台的屋盖和布景走道也使用钢结构。进入21世纪以后广西的建筑钢结构应用取得了长足的进步。2001年建成的桂林国际会展中心、2003年建成的桂林市体育馆和游泳中心、2005年建成的南宁国际会展中心、2012年建成的柳州游泳馆和李宁

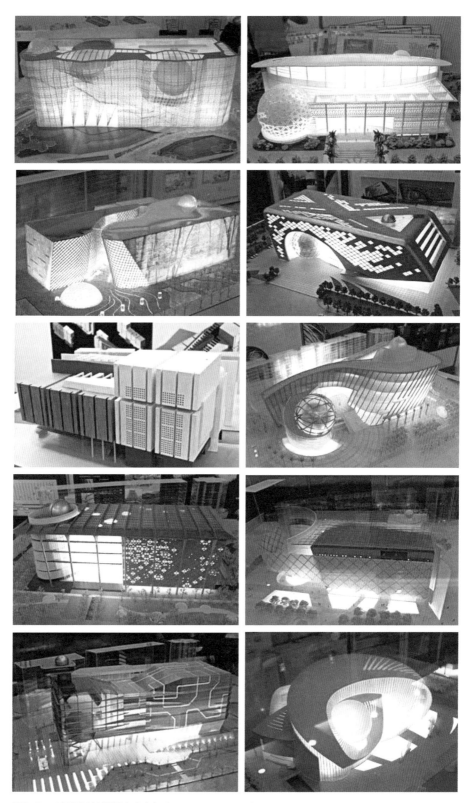

图3-7　广西科技馆投标方案（来源：www.baidu.com）

体育馆、2011年建成的广西体育中心以及南宁地王大厦、三祺广场等大跨度超高层建筑均采用了钢结构。但总体来说，广西的钢结构应用仍有很大的发展空间。我国钢材产量连续多年居世界首位，2014年全年，广西钢材产量3262.6万吨，占全国总产量的2.9%，同比增长9.42%，为广西钢结构的发展打下了坚实的物质基础。目前，国家正实施西部大开发和广西北部湾经济区发展规划，要将广西建设成为中国—东盟开放合作的物流基地、商贸基地、加工制造基地和信息交流中心，如今广西各项基础设施正需要进一步完善，为钢结构的发展提供了广阔的市场空间。随着钢产量的增加和生产工艺的进步，钢结构的造价必然会降低，使得钢结构的推广更具有可行性。

　　制约广西钢结构发展的第二个客观原因在于气候，广西属于亚热带气候，空气湿度极大，金属构件易锈蚀，维护频繁，一般建筑也难以负担。但随着防腐防火材料技术的发展，钢结构的防锈蚀防火的技术已经得到了很大的提高，大大降低了钢结构维护、维修的频率和费用。现在看来，建筑钢结构具有"选材方便、适应性强、有较强的抗震性能、施工速度快和便于修缮、搬迁"等优点，而且生态环保，对环境无污染，和广西传统地域建筑的选材理念有异曲同工之妙，更符合建筑的地域精神。

　　主观上，缺乏技术观念也限制了广西建筑钢结构技术的发展和创新。一是本地的业主往往认为钢结构成本高昂，很少主动要求使用钢结构；二是本地建筑师普遍认为钢结构节点的设计比较复杂，且设计工作量大，如不是大跨度或者超高层建筑等钢筋混凝土结构难以满足的情况，极少主动采用钢结构设计；三是设计人员对钢结构建筑的构造不熟悉，如钢结构建筑墙体采用何种材料，墙体与钢构件的连接方式，以及隔热、隔声、防火、防锈的处理等。缺乏对技术因素的主动追求是目前制约广西新技术发展的障碍。

## 3.2　关于广西当代地域性建筑设计的思考

　　从以上广西建筑创作的种种问题来看，存在的主要问题都是对地域性的理解过于片面，将建筑的时代性、地域性和文化性割裂甚至对立起来，有的观念将民族性、传统性等同于地域性，认为地域性就是对南宁传统乡土建筑的模仿和复制，拒绝创新，认为创新就是媚洋，甚至牺牲现代建筑的使用舒适性。

　　弗兰姆普敦的"批判的地域主义"并不是以反对现代主义的基本价值观为前提的。他从未把地方传统和现代性对立起来。恰恰相反，弗兰姆普敦所提倡的批判的地域主义实践是世界性的，是现代主义思想在当代条件下的发展和延续。他反对罔顾现代技术的发展和政治体制变化，片面而孤立地强调乡土主义和传统价值的立场。那种假装一切都没有改变，照搬过去或任何乡土建筑的形式的做法都和批判性以及批判的地域主义没有关系。

弗兰姆普敦所认为批判的地域主义并不是一种风格，而更恰当地说是一种态度。我们不能想当然地认为只有那些采用了广西传统的铜鼓、绣球、干栏、骑楼等地方性的形态元素的建筑就是广西的地域性建筑。"批判地域主义的基本战略是用非直接地取自某一特定地点的特征要素来缓和全球性文明的冲击。"弗兰姆普敦特别强调了非直接（Indirect）也就是对地方性元素的使用必须经过转化，而不是直接复制。这一点是批判的地域主义和大众主义以及情感性地方主义的本质区别。批判的地域主义从地域气候条件，基地特征，地方性构造中提取设计的原则。大众主义则只提供一种图像性的感动迎合大多数人，停留在"刺激—满足"的行为水准上。这一点也可以解释弗兰姆普敦在各种场合提到地域主义的时候所举的例子大多数并非乡土风格的建筑。这种差异既界定了批判的地域主义也是弗兰姆普敦建筑价值观根本的出发点。

20世纪80~90年代广西的建筑创作，体现了一种表达时代精神的创作实践倾向，追求现代技术的运用固然没错，但却忽略了对地理、气候和城市文化的关注。而到了2000年后，虽然追求地域性重新成为主流，但不少建筑师将地域性简单地理解为在现代建筑上增加一些传统文化的符号作为装饰。以上种种问题的存在根源在于缺乏完善的地域性建筑理论体系，未能将建筑的时代性、地域性和文化性三者和谐统一起来。

何镜堂院士指出："今天如何理解建筑创作？我把它归纳为建筑的"三性"，即建筑创作要体现地域性、文化性、时代性。"[①]首次将"地域性、文化性、时代性"归纳为"相辅相成的，不可分割"的"三性"，其中"建筑的地域性，首先受区域地理气候的影响……地域性本身就包括地区人文文化和地域时代特征"[②]，强调了"三性"的整体性和统一性。

"广西—当代—地域性—建筑"并非一个狭义的地域性概念，除了顺应项目所在地域的自然环境，广西当代地域性建筑创作还应根植于广西的人文环境，运用当代的适宜技术以体现时代特征。

### 3.2.1  根植于广西人文环境

吴良镛先生说过："建筑的问题必须从文化的角度去研究和探索，因为建筑正是在文化的土壤中培养出来的，同时作为文化发展的进程，并成为文化有形和具体的表现。"[③]正如弗兰姆普敦所说，当代地域性建筑并非一种固定的风格和模式，而不同地区的地域性建筑之所以存在差异，除了受到地理气候等物质条件的制约外，还受到当地人文文化的

---

① 何镜堂. 建筑创作与建筑师素养[J]. 建筑学报，2002，2：9.
② 何镜堂. 基于"两观三性"的建筑创作理论与实践[J] . 建筑学报，2002，2：18.
③ 吴良镛. 广义建筑学[M]. 北京：清华大学出版社，2011.

影响，与此同时不同地域的人文环境也让当地的建筑具有了丰富的文化内涵。广西当代地域性建筑的创作，应当根植于广西的人文环境，在满足建筑功能等物质层面需求的同时，更需要通过对地域文化氛围和场所精神的营造，体现广西的历史传统、民族文化、风俗习惯等文化内涵，满足人们在精神层面的追求。同时通过地域文化强化建筑的地域性特征。

### 3.2.2    运用当代的适宜技术

"建筑是一个时代的写照，是社会经济、科技、文化的综合反映。当今科学技术日新月异，新材料、新结构、新技术、新工艺的应用，使建筑的跨度、高度有了更大的灵活性，新功能孕育了新的建筑类型……"[①]，如体育馆、会展中心这样的大跨度建筑以及超高层建筑，就是随着建筑技术的发展应运而生的，用传统的建筑材料及技术是无法满足日益发展的建筑需求的。如果拘泥于传统技术，只会限制广西当代地域性建筑的发展。广西当代地域性建筑创作应立足于新的时代背景，积极吸收新技术的营养，用创新的建筑语言来表现新时代的广西特色，体现这个日新月异时代的科技。但同时，也不应该不顾广西的现实，一味地追求高新技术，而是应当合理运用符合建筑功能和广西地理气候条件的当代的适宜技术，创作适应广西新的时代要求的创新型地域性建筑。

### 3.2.3    顺应地域的自然环境

何镜堂院士指出："建筑是地区的产物，世界上没有抽象的建筑，只有具体的地区的建筑。优秀的建筑总是扎根于具体的环境之中与所在地区的地理气候、具体的地形地貌和城市环境相融合。"[②]结合广西的实际情况，首先在地理上，广西群山连绵，河流密布，四季树木常青，具有丰富多样的地形、地貌条件和良好的生态环境，这些都为地域性建筑的产生提供了很好的基础条件，广西当代地域性建筑创作应当顺应自然地形地貌的特点，尊重生态环境，创造因地制宜的建筑场所空间；在气候上，广西亚热带季风性气候具有日照长、高温、多雨、潮湿的特点，因而建筑设计应适应当地气候特点。着重解决遮阳、隔热、通风、防潮的问题；从城市规划的角度上，建筑设计要尊重广西各城市和地段已形成的整体布局和肌理，从规划与城市设计的角度出发考虑建筑单体，使新建筑与所处的城市环境有机融合在一起，才有可能创作出既有地域特色又与环境和谐的建筑。

---

① 何镜堂. 基于"两观三性"的建筑创作理论与实践[J]. 建筑学报，2002，2：18.
② 何镜堂. 基于"两观三性"的建筑创作理论与实践[J]. 建筑学报，2002，2：18.

## 3.3　本章小结

　　通过总结当前广西建筑创作中存在的问题，分析出存在这些问题的根源在于对地域性建筑的内涵缺乏系统整体的理解，建筑的地域性是一个复合的概念，其中包含了对地域自然环境的适应和融合，对地域文脉的延续和升华，以及对地域时代特征的表达，三者是相辅相成，不可分割的关系。

第4章

基于广西人文环境的
当代建筑创作

## 4.1 基于广西人文环境的创作手法

广西有深厚的文化底蕴，包括悠久的历史文化、鲜明的民族文化、独特的建筑文化，在广西当代地域性建筑创作中，基于广西人文环境的创作手法主要以乡土建筑、历史文化、民族元素、传统空间、城市文化为创作的源泉，通过再现、隐喻、夸张、植入、象征等手法表达建筑的文化内涵。下面将通过具体的案例对基于广西人文环境的当代地域性建筑创作手法进行探讨。

### 4.1.1 乡土建筑的再现

广西是少数民族聚居的地区，少数民族的传统民居因地区、民俗、信仰的不同而拥有不同的风格样式，因而带有强烈的地域特色。在对广西地域性建筑的研究中，主要研究目光投向大量存在的壮、苗、瑶、侗等各民族传统村寨，自20世纪60年代广西桂林芦笛岩风景建筑、伏波楼等一批借鉴传统民居的风景建筑创作至今，对广西乡土建筑的研究一直方兴未艾，民族传统建筑、民居研究成为广西地域性建筑研究中的一个重要领域，《桂北民居》《广西民族传统建筑实录》《千年家园——广西民居》《广西民居》等研究广西传统乡土建筑的书籍大量涌现。在此背景下，乡土建筑的再现成为广西地域性建筑创作的最具有代表性的手法之一，在广西各地都涌现了大量以少数民族传统建筑作为创作源泉的建筑作品。这些作品主要为广西各地风景名胜区内的景观建筑、旅游饭店等，多处于自然景色优美、乡土氛围浓厚的地域环境之中，顺应自然环境，提炼和吸收广西民族传统建筑如干栏式民居、鼓楼、风雨桥等形式符号，运用混凝土等新材料及结构将其再现和延续，是这些作品设计的典型特点。其代表性作品有：南宁市明园饭店1号楼、桂林桂山饭店、桂林桂湖饭店、南宁相思湖酒吧街、桂林阳朔河畔度假酒店等，它们通过对广西民族传统建筑形式特征的再现来体现广西的地域性。在建筑中或多或少地使用了木材、青石板、灰瓦等一些广西传统建筑材料，营造一种乡土的氛围，以求融入广西的山水环境中去。

1990年12月建成的桂林桂湖饭店，位于桂林市中心景区老人山前的桂湖（宝贤湖）之畔，是一座四星级旅游宾馆，建筑面积20988平方米，由广西建筑综合设计研究院设计。设计采用庭院式建筑布局，建筑立面汲取桂北村寨干栏建筑特点，具有浓厚的民族风格，山清水秀是桂林山水的一大特征。桂湖饭店建筑色彩以绿、白色为主基调，与桂林的湖光山色相得益彰，使整个桂林山水风光更富于变化，更有生气和灵气。桂湖饭店于1993年获建设部优秀工程设计三等奖。（图4-1）

（a）桂林桂湖饭店

图4-1 桂湖饭店

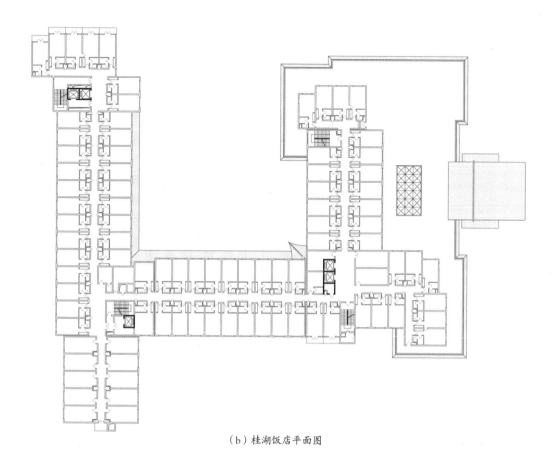

（b）桂湖饭店平面图

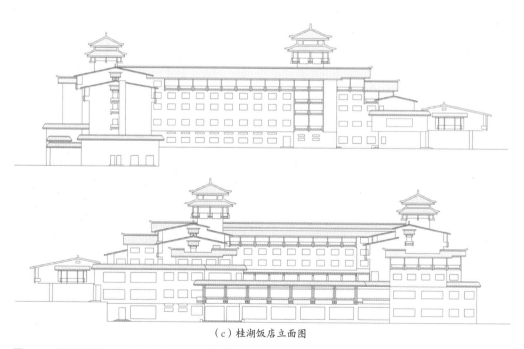

（c）桂湖饭店立面图

图4-1　桂湖饭店［来源：（b～e）何溪窈绘］（续）

2013年，由桂林市建筑设计院设计的南宁市相思湖风情街开工建设，建筑采用传统的木结构与钢筋混凝土结构混合，仿照广西传统民居、鼓楼、风雨桥的做法建造现代化的商业街区。主要采用广西少数民族村落中常用的自由分散式（壮族、瑶族为主要代表）和以鼓楼、芦笙柱为中心的内聚向心式（侗族、苗族为主要代表）两种模式结合的布局方式，组成以红豆入口广场和鼓楼广场为主中心、四街区组团内聚向心的街区总平面。四街区组团分别是民俗风情街区、大学生活动街区、浪漫爱情风情街区、文化创意风情街区。各街区借鉴宋代以来中国传统街市的构成肌理和比例尺度，依山就势，因地制宜自由组合。（图4-2）

阳朔河畔度假酒店位于广西桂林市阳朔县遇龙河畔，青厄古渡边，徐悲鸿先生曾在此地写生创作了名画《青厄渡》。遇龙河别称"小漓江"，河水清澈，不缓不急，仿若萦绕在桂北的翡翠，酒店周边风景秀丽、依山傍水、地理位置优越。

酒店项目占地面积20公顷，首期建筑面积约30000平方米，规划考虑到与环境的协调，建筑设计选取桂北侗族村落的分散式布局形式，将大堂、客房等功能用房分解为一个个小体量单体，面向遇龙河一一展开，各功能用房以长廊相连，与大自然和谐相融，伫立在山水之中。酒店大堂采用侗族传统建筑中的鼓楼造型，鼓楼是侗寨商议重大事宜、立规定约、抵御外敌时，击鼓号召群众的场所，是侗寨的核心建筑；酒店客房则以桂北侗族干栏式民居为蓝本，尊重地形、环境，和谐共生的原则，建筑高度均控制在10米以内，采用传统连廊把建筑贯穿于原始地貌中，依地形设计出高低错落生动有趣的建筑形式。部分建筑底层架空，结合庭院创造"生态嵌入"空间。（图4-3）

（a）南宁相思湖风情街鸟瞰图

（b）南宁相思湖风情街实景图一

（c）南宁相思湖风情街实景图二

图4-2 相思湖风情街 ［来源：（a）www.baidu.com］

图4-3 阳朔河畔度假酒店

以上的案例通过对广西传统建筑形式特征的再现及传统材料的运用，在一定程度上体现了广西的地域文化，但其具有的复古主义色彩限定了多适于在公园、风景区和历史街区等特定环境中运用。

### 4.1.2　历史文化的隐喻

广西有丰富的历史文化，第二种思路是从广西历史文化中提取与建筑的性质功能相关的创作元素，通过抽象、变异、提炼，导出具有一定文化隐喻意味的建筑空间形态，以此赋予建筑历史文化内涵。此类型创作思维较为注重人的感性体验、追求建筑的艺术意境。

如南宁机场T2航站楼建筑设计方案"双凤还巢"，由北京市建筑设计院与美国KPF设计事务所联合设计，2014年建成并投入使用。建筑设计构思将飞机隐喻成腾飞的凤凰，机场隐喻为凤巢。从空中鸟瞰建筑的造型仿佛两只回首相望的凤凰，其灵感来源于广西合浦出土的西汉凤鸟铜灯，通过抽象简化形成航站楼的形体，以此体现广西悠久的历史。（图4-4）

### 4.1.3　民族元素的夸张

广西是少数民族聚居区域，民族文化资源丰富，很多创作从铜鼓、壮锦等少数民族文化元素中发掘创意灵感，将铜鼓的形态和壮锦的图形夸张放大，转化为建筑的平面、形体或表皮肌理，以此体现广西民族文化的意韵。代表性建筑如广西民族博物馆、百色市文化科技中心等。

广西民族博物馆是广西第三个自治区级博物馆，是迄今广西展示面积最大、设施较为齐备的民族文化专题博物馆。馆址位于南宁市邕江之畔、青秀山麓占地面积约8.6公顷，总建筑面积30500平方米，还附属有约4公顷的广西传统民居建筑露天展示园。广西民族博物馆建设项目于2003年启动，2006年工程动工，2008年正式对外开放。建筑面积29370平方米，其中展厅面积约8000平方米。整个馆区设有公共服务区、露天展示区、文物保护研究中心、业务与行政管理区、后勤服务区五个功能区，内部设有高科技电影厅、多功能会议厅、文物标本观摩室、专题图书馆、网上博物馆等。

广西民族博物馆作为一个展示由古到今勤劳勇敢的广西各族人民创造光辉灿烂文化的场所，建筑设计理念紧紧围绕"民族"这一主题来展开，建筑师在建筑及景观设计中运用了大量的民族文化符号。广西民族博物馆入口广场被命名为"壮锦广场"。步入壮锦广场，呈现在观众游客面前的民族博物馆主入口建筑形态是一个高32米，直径近50米的巨型玻璃幕墙——"铜鼓"，与两侧博物馆展厅的石墙虚实对比形成强烈的视觉冲击力，主入口

（a）南宁机场T2航站楼鸟瞰

（b）西汉凤鸟铜灯

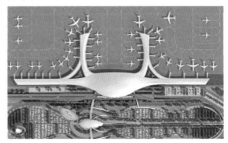

（c）南宁机场T2航站楼总平面

（d）南宁机场T2航站楼

图4-4　南宁机场T2航站楼（来源：www.baidu.com）

两侧各有一只"铜鼓"紧护左右。一则体现铜鼓是广西各民族优秀的民族文化瑰宝，二则象征着权力和财富的铜鼓将作为优秀民族文化代代相传。整体布局犹如巨鸟飞翔，从空中鸟瞰，广西民族博物馆整体布局采用了瑶族妇女头饰造型，又犹如一只巨型鲲鹏在展翅飞翔，寓意着广西各族人民团结奋进的精神风貌。建筑师意图通过这些建筑语言来展示广西民族博物馆浓郁的少数民族特色。（图4-5）

百色市文化科技中心位于百色市龙景区城市新轴线上，总建筑面积59007平方米，百色是壮族的发源地，壮锦是壮族的文化瑰宝，与云锦、蜀锦、宋锦并称中国四大名锦，百色市文化科技中心以壮锦作为建筑设计的核心元素，将壮锦的图案贯穿于建筑平面布局、立面装饰及景观设计之中。

总平面布局上，建筑从壮锦中抽取菱形和方形的构图元素，形成独特的建筑空间组合。建筑立面上，采用新颖的外墙材料来体现地域文化，表现壮锦主题，石材墙面装饰表现了壮锦中独有的斜线交织的肌理特征，镂空铝板幕墙则采用了壮锦的图案，给建筑包裹

（a）广西民族博物馆鸟瞰

（b）广西民族博物馆正立面

（c）广西民族博物馆外观

图4-5　广西民族博物馆（来源：www.baidu.com）

了一层壮锦外皮，夜幕降临，幕墙内变幻的灯光从镂空的壮锦图案内透射出来，犹如五彩的壮锦一般。建筑周边的场地也使用了壮锦的传统图案来划分地面铺装及绿化，从空中俯瞰，仿佛大地上展开一幅美丽的壮锦。（图4-6）

（a）百色市文化科技中心鸟瞰

（b）百色市文化科技中心透视一

（c）百色市文化科技中心透视二

图4-6　百色市文化科技中心

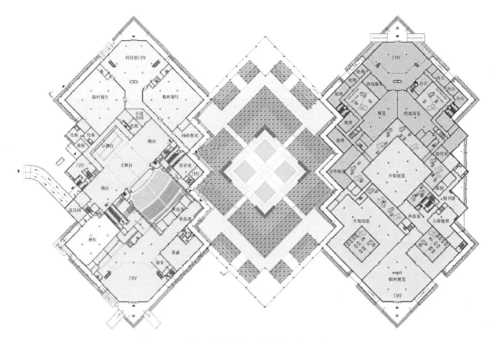

（d）百色市文化科技中心平面图

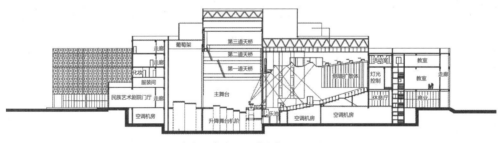

（e）百色市文化科技中心剖面图

图4-6 百色市文化科技中心［来源：华蓝设计（集团）有限公司］（续）

### 4.1.4 传统空间的植入

广西地处岭南，属于亚热带气候，冬短夏长，气候炎热。岭南传统建筑通常把通风纳凉放在首位，因此建筑常设置通透开敞的庭园空间，岭南庭园与北方园林、江南园林并称中国三大传统园林风格，具有很强的地域文化特征。当代岭南现代建筑的重要特征之一就是将岭南庭院空间与现代建筑相结合，代表建筑有广州泮溪酒家、广州白天鹅宾馆等。这就为广西当代地域性建筑的创作提供了学习和借鉴的范例，将传统庭园空间植入当代建筑中以增加文化内涵成为广西当代建筑创作的一个重要思路。

广西当代建筑与庭园相结合主要有单体露天庭园、群体环绕庭院、室内中庭庭园、屋顶庭园、架空层庭院等几种方式（图4-7）。

（a）南宁邕江宾馆庭园

（c）桂林桂山大酒店庭园

（b）邮电部桂林疗养院庭园

（d）南国弈园屋顶庭园

图4-7　广西当代建筑中的庭园［来源：（a、b）《广西当代建筑实录》；（c）www.baidu.com］

### 4.1.5　城市文化的象征

每座城市都有自己独特的文化符号,如桂林的山水、北海的珍珠、南宁的绿、柳州的工业气息与民族风情、百色的红色革命……都是不同层面的城市文化符号,透过这些符号,可以探寻出一种文化、历史、气息、风情,它们是城市精神与文化的载体,构筑人们对城市感知和记忆的基础。

当代的大型公共建筑,其形态往往不局限于建筑自身信息的表达,更是作为一种城市文化的象征向公众传递。尤其是大跨度的展览、体育建筑的形态表达,越来越注重以创新形式表达地域文化的身份认同,将表示城市文化特征的一些符号、元素、标识加以抽象提炼,将无形的城市文化转化为有形的建筑造型,这一手法的代表性建筑有南宁国际会展中心、钦州体育中心等。

钦州体育中心场馆项目位于东站区市行政信息中心南面的规划绿轴一带,包括体育场、体育馆、游泳馆、跳水馆、射击馆及综合训练馆六座场馆。其中体育场占地202.5亩,建筑总面积36000平方米,建筑规模可容纳2.2万个座位;体育馆占地约47000平方米,建筑总面积13600平方米,建筑规模可容纳5.52千个座位;游泳馆、跳水馆占地49800平方米,其中游泳馆建筑总面积12000平方米,建筑规模可容纳1.72千个座位;跳水馆建筑总面积4550平方米;射击馆、综合训练馆及体育学校建筑总面积16599平方米。

钦州是一座滨海城市,其南部为辽阔的钦州湾,属中国南海的一部分。体育中心以"南海珍贝"为主题,象征钦州在改革开放过程中蓬勃发展所创造的巨大成绩,以及钦州人民如海洋般开阔博大的胸怀、勇于进取的精神。体育场馆的设计主要是以海边特有的贝壳为主要造型,带有浓郁的滨海特色,各场馆之间各具特色又浑然一体,总体布局之间相互构成了一个完整的有机群体。(图4-8)

(a)钦州体育中心鸟瞰

图4-8　钦州体育中心

（b）钦州体育中心夜景

图4-8　钦州体育中心（来源：www.baidu.com）（续）

## 4.2　本章小结

广西悠久绚烂的历史、民族文化为当代广西的地域性建筑创作提供了丰富的素材和创作源泉。在本章中，通过对基于人文环境的广西当代建筑创作的概念的阐释以及对其设计手法的归纳和总结，分析不同手法的特点并用建筑实例加以说明，并指出不同手法的适用范围及其不足之处。

第 5 章

基于广西自然环境的
当代建筑创作

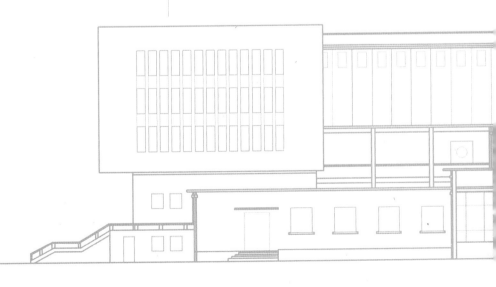

## 5.1 基于广西自然环境的创作手法

广西有着鲜明的气候特征和独特的地形地貌，基于广西自然环境的建筑创作手法主要体现在适应气候和顺应地形两个方面。

## 5.2 适应气候

不同地区的气候条件是建筑形态最重要的决定因素。特殊的气候不仅造就了广西自然环境的特殊性，如地表肌理、植被等，还是广西地域文化特征及人类行为习惯特征的重要成因。因此，在决定建筑的各种因素中，气候是最重要的，广西的干栏、骑楼等传统地域性建筑形式的形成都与气候条件息息相关，在这个意义上，可以说是气候造就了地域性建筑。因此，地域性建筑设计首先要注重对自然气候的适应方式和相应技术手段的运用。

广西建筑适应气候的主要手法有自然通风、采光、遮阳、隔热等。

### 5.2.1 自然通风
#### 5.2.1.1 利用风压自然通风

所谓风压通风就是利用建筑的迎风面和背风面之间的压力差实现空气的流通。吹向建筑的风因受到建筑的阻挡，会在建筑的迎风面产生约为风速动压力的0.5~0.8倍的正压力。同时，气流绕过建筑的各个侧面及背面，会在相应位置产生约为风速动压力的0.3~0.4倍的负压力，由于经过建筑物而出现的压力差促使空气从迎风面的窗缝和其他空隙流入室内，而室内空气则从背风面孔口排出，就形成了全面换气的风压自然通风。某一建筑物周围风压与该建筑所在地区的风向、风速、周边环境及自身形态密切相关。

如广西体育馆就是典型的风压通风案例，在场地设计上，广西体育馆周边平坦开阔，以使夏季季风不受阻碍地吹向体育馆。建筑四周楼座看台座位底下均开有条形的通风口，看台之上的休息观景廊的玻璃幕墙也可以打开通风，整个建筑开敞通透，有利于自然通风。同时利用看台的斜度形成">"形的形态，在休息观景廊上方也设置了上扬的出檐，进一步强化了建筑的引风作用。广西体育馆经过降温测试及长期使用证明自然通风降温的设计处理是成功的。（图5-1）

除了开设通风口之外，建筑应面向所在地区的夏季主导风向，房间进深相对较浅，利用风压在建筑内部产生空气流动，以便于形成穿堂风。如中国人民银行广西分行办公楼的建筑设计，该建筑位于南宁市桃源路，1987年建成。建筑为解决通风问题，从建筑平面及朝向入手，建筑没有采用桃源路上其他办公楼平行于城市道路的常规布局形式，而是将主立面面向南宁市的夏季主导风向。同时，建筑采用大面宽小进深的弧形平面，其进深为13米，以提高建筑通风效率，体现了一种结合地域气候的设计观。（图5-2）

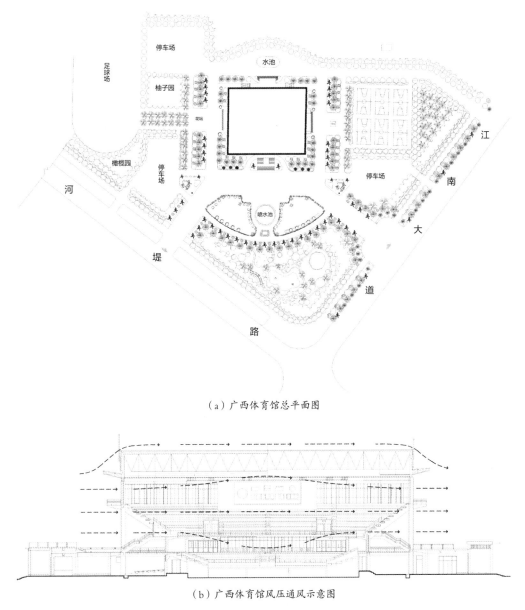

（a）广西体育馆总平面图

（b）广西体育馆风压通风示意图

图5-1　广西体育馆（来源：秦颖、邓文祺绘）

（a）中国人民银行南宁市中心支行

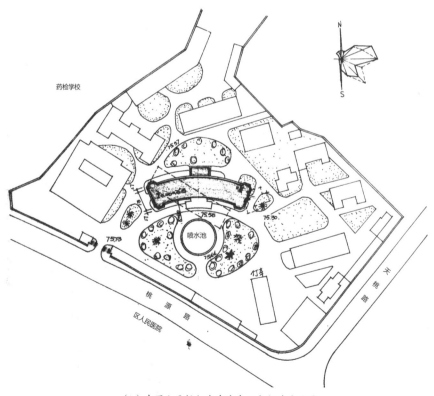

（b）中国人民银行南宁市中心支行总平面图

图5-2 中国人民银行南宁市中心支行［来源：（a）《南宁建筑50年》；（b）蒋伯宁绘］

#### 5.2.1.2　利用热压自然通风

热压是室内外空气的温度差引起的，这就是所谓的"烟囱效应"。由于温度差的存在，室内外密度差产生，沿着建筑物墙面的垂直方向出现压力梯度。如果室内温度高于室外，建筑物的上部将会有较高的压力，而下部存在较低的压力。当这些位置存在孔口时，空气通过较低的开口进入，从上部流出。如果室内温度低于室外温度，气流方向相反。热压的大小取决于两个开口处的高度差和室内外的空气密度差。

在广西的建筑实践中，建筑师常采用天井中庭等形式，为自然通风的利用提供有利的条件，使得建筑物能够具有良好的通风效果。中庭的屋顶一般都具有两项性能：1.能让阳光射入中庭，将中庭内空气加热产生上下温差；2.中庭屋顶是全部或局部可开启的，在需要通风时找到出口。

如南宁民族商场，位于南宁市人民路与民主路交汇处，是一个多功能综合商场。总建筑面积25374平方米，高5层（含地下室1层），局部6层，总高29.4米。商场1~4层为营业厅。屋面设园林绿化、溜冰场、舞厅、咖啡厅等设施。由广西建筑综合设计院设计。该工程于1987年5月开工，1989年8月建成。建筑采用框架结构，商场平面中部作天井庭园，各层环绕天井设置回廊。底层两面临街，店面开阔，二层起采用大面积玻璃窗。夏天炎热时，阳光直射入天井庭园，导致庭园温度升高，热空气从庭园上升腾，较冷空气就从底层开阔的店面及大面积玻璃窗引入建筑，形成热压通风。（图5-3）

（a）南宁民族商场外观

图5-3　南宁民族商场

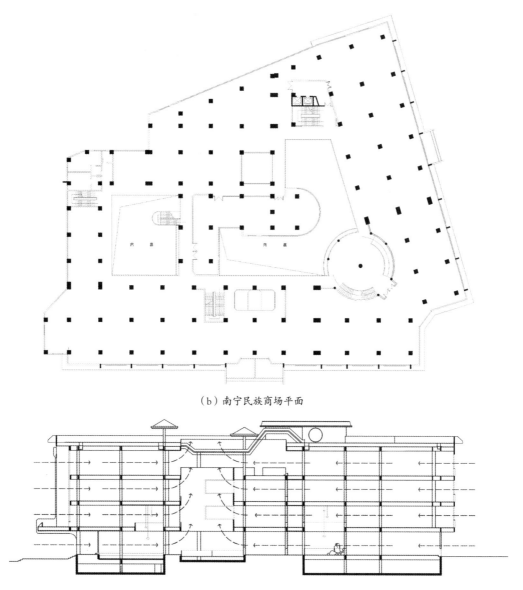

（b）南宁民族商场平面

（c）南宁民族商场剖面

图5-3 南宁民族商场［来源：（a）《南宁建筑50年》；（b、c）梁潇予、相霜绘］（续）

## 5.2.2 建筑遮阳

在广西这样夏季日照时间长、气温高的地区，遮阳对降低建筑能耗，提高室内居住舒适性有显著的效果。广西常见的遮阳手法有水平遮阳、垂直遮阳、混合遮阳、挡板遮阳、形体遮阳、绿化遮阳等多种形式。

5.2.2.1 水平遮阳：在窗或幕墙的上方设置一定宽度的挑檐、遮阳板、走廊等水平遮阳构件，能够遮挡高度角较大的从窗户上方照射下来的阳光。适用于窗口朝南及其附近朝向的窗户。如南宁阳光100城市广场，建筑南立面运用出挑的顶板以及每层的阳台形成错落有致的水平遮阳系统（图5-4）。

5.2.2.2 垂直遮阳：在窗或幕墙的两侧设置一定宽度的垂直方向的遮阳板，能够遮挡高度角较小的从窗户两侧斜射进来的阳光。适用于窗口朝南、北偏东及偏西朝向的窗户。如广西科技发展大厦，建筑面积20996平方米，2006年竣工，建筑主立面的玻璃幕墙上设计了大量固定式垂直遮阳格栅，不仅有效减少了阳光的进入，还强化建筑形体间的组合感、力度感和雕塑感，形成虚实结合的丰富有机整体，在阳光下，不同的落影构成了丰富的雕塑形体（图5-5）。

图5-4 南宁阳光100城市广场1（来源：www.baidu.com）

图5-5 广西科技发展大厦（来源：《南宁建筑50年》）

5.2.2.3　混合遮阳：是以上两种遮阳板的综合，能够遮挡高度角较大的从窗户上方照射下来的阳光，也能够遮挡高度角较小的从窗户两侧斜射进来的阳光。遮阳效果比较明显。适用于南向、东南向及西南向的窗户。如广西艺术学院学生公寓，建筑南向立面采用内凹的方式，露出垂直和水平的建筑墙板等构件，形成综合遮阳的效果。与传统的矩形遮阳板不同，学生公寓的遮阳构件采用了起伏波动的折线形态，色彩上以白色的主基调，还运用了红色、黄色等饱和度较高的色彩点缀，使其除了具有遮阳的作用外，还为建筑外观增添艺术形象效果。（图5-6）

5.2.2.4　挡板遮阳：在窗户的前方离窗户一定距离设置与窗户平行方向的垂直的遮阳板，能够有效地遮挡高度角较小的从窗户正方照射进来的阳光。适用于窗口朝东、西及其附近朝向的窗户。但此种遮阳板遮挡了视线和风，为此，可做成百叶式或活动式的挡板。如南宁市阳光100城市广场，在建筑立面上大量运用轻盈的水平遮阳百叶，在立面上形成强烈的光影变化（图5-7）。

图5-6　广西艺术学院学生公寓（来源：广西艺术学院）

图5-7　南宁阳光100城市广场2（来源：www.baidu.com）

5.2.2.5　形体遮阳：是指运用建筑形体自身的变异产生的阴影来形成建筑的"自遮阳"，进而达到减少进入建筑室内的太阳辐射的目的。如建筑平面设计成不规则的三角形、锯齿形以及立面上的倾斜、出挑和内凹等。

如1993年建成的广西电力大厦，建筑共24层高138.3米，总建筑面积30539平方米，位于南宁市民主路。由于民主路是东偏北30°的走向，如果按常规平行于道路布置的矩形平面，必然会导致建筑主立面朝向东南，日照强度增大。为此，建筑在平面设计上巧妙地采用两个大小不一的直角三角形拼合而成，直角三角形的"勾"为正南北向，而"弦"则与民主路平行，建筑主立面大部分朝南，既解决了

图5-8　广西电力大厦（来源：www.gxclc.net）

东晒问题，又使得建筑满足了城市街道的景观要求，同时给人以强烈的透视感和丰富的空间效果。（图5-8）

由广西建筑科学研究设计院设计，1992年建成的柳州通宝大厦（图5-9），建筑面积12000平方米，共12层，1~2层裙楼为汽车客运中心，上部为办公、酒店及餐饮用房，为解决西晒问题而采用锯齿形平面。类似的手法还有梧州联合大厦（图5-10）、桂林京桂宾馆等。（图5-11）

由广西城乡规划设计院设计的南宁海关大楼，20层，高75米，1995年建成。为树立海关国门形象，将建筑形体设计为一个内凹的门形，采用玻璃幕墙和实墙相结合，内虚外实，自"门框"顶部向下逐级内收，上层能为下层自然地遮挡夏季的直射阳光，不仅形成了建筑的"自遮阳"，同时也创造了优美和与众不同的国门建筑形象。（图5-12）

**图5-9　柳州通宝大厦**

（来源：《广西当代建筑实录》）

**图5-10　梧州联合大厦**

（来源：《广西当代建筑实录》）

**图5-11　桂林京桂宾馆**（来源：《广西当代建筑实录》）

**图5-12　南宁海关**

### 5.2.3　自然采光

当代建筑的空间尺度随着功能日趋复杂而逐渐增大，如商场、博物馆、展览建筑等大跨度公共建筑，仅靠传统的窗户采光已无法满足建筑内部各功能空间自然采光的需求。因此，吸取传统民居天井采光的经验，设置采光天井、中庭成为广西大型公共建筑自然采光的一个比较常用的手法。如桂林大宇饭店、南宁明园新都酒店、南宁明园饭店五号楼、南宁市图书馆、广西旅游信息传播中心等。（图5-13）

（a）桂林大宇饭店　　　　　　　　　　　（b）南宁明园新都酒店

（c）南宁明园五号楼　　　　　（d）南宁图书馆　　　　　（e）广西旅游信息传播中心

图5-13　广西建筑中庭［来源：（a）www.baidu.com；（b~e）《南宁建筑50年》］

### 5.2.4　建筑隔热

广西地处祖国南疆，太阳高度角大、辐射强烈，每逢炎热的夏季，屋顶表面在阳光直射下温度达60℃以上，热透过屋面向室内的热传导，对单层及顶层的建筑内部空间来说，是导致室内过热的主要原因。目前，广西建筑的屋顶隔热层常采用的珍珠岩等填充层来提高围护物热阻值的做法，只能延缓传热时间，但其以"保温"为主的构造方法对于湿热地区以防热为主的建筑来说未必有效，而且时间长了易损坏影响效果。适合广西气候的建筑隔热方式主要有绿化屋面、通风屋面、反射屋面等。

### 5.2.4.1 绿化屋面

屋顶绿化避免了建筑顶板被阳光直接暴晒，可以降低屋顶外表面温度。同时，由于绿色植物和覆土的联合作用，增大了屋顶的热阻，进一步降低了屋顶的传热系数，进而使屋顶内表面温度、室内温度在夏季可以降低2~5℃，起到"天然空调"的效果。此外，大大降低了楼板的昼夜温差带来的热胀冷缩，防止因为热胀冷缩带来楼板破裂引发的渗水，延长屋顶及保温防水层的寿命。屋顶绿化主要有种植槽绿化、爬藤绿化、架空爬藤绿化等形式，其中种植槽绿化的太阳辐射遮蔽和隔热效果最优。如2010开工的广西森林资源保护中心综合楼，总建筑面积34995平方米，其中地上建筑面积30196平方米，地下建筑面积4799平方米，主楼两侧的裙楼采用了草皮种植屋面。（图5-14）

### 5.2.4.2 通风屋面

通风隔热屋面是指在屋顶中设置通风间层，使上层表面起到遮挡阳光的作用，利用风压和热压作用把间层中的热空气不断带走，以减少传到室内的热量，从而达到隔热降温的目的。

在广西夏季午后骤雨前后，屋面温度在较短时间内相差10~20℃，这种急剧的温度变化，往往是造成钢筋混凝土围护物产生龟裂和渗透的主要原因，而设置通风空气间层的屋面，由于上层覆盖物对结构层起到有效的保护作用，从而大大减轻了结构层的风化和破坏。传统的架空通风屋面多采用烧结黏土或混凝土制成的薄型制品，覆盖在屋面防水层上并架设一定高度（180~300毫米）的空间，但此种做法存在一些问题，如屋面架空不利上人，阶砖容易被踏破；密实的女儿墙上的进风口很小，实际的通风散热效果不理想等。

在广西当代建筑的创作中，常常在屋顶设置全架空或局部架空层，这些架空层或是为了建筑设备、消防等专业功能而设立，或是为了作为屋顶活动场所，又或是建筑造型需要而设立，有格栅、平顶、坡顶及异形曲面等多种形式，高度在3~9米不等。屋顶架空层屋顶也可以视为通风屋顶的一种放大形式，与传统的通风屋面做法相比，屋顶架空层的空间高大开敞，通风的效果明显优于传统的架空通风屋顶，有利于屋顶的隔热，同时方便使用者在屋顶活动。此外，还可以在架空层种植绿化，既改善局部微气候，又丰富了绿化层次，是适应广西地域气候的空间形式。如广西医科大学一附院门诊大楼，在日照最强烈的屋顶及东西两侧山墙都设置了双层通风散热层，以达到隔热降温。（图5-15）

### 5.2.4.3 反射屋面

利用表面材料的颜色和光滑度对热辐射的反射作用，对平屋顶的隔热降温也有一定的效果。例如，屋面采用淡色砾石屋面或用石灰水刷白对反射降温都有一定的效果，适用于炎热地区。如果在通风屋面中的基层加一层铝箔，则可以利用其二次反射作用，对屋顶的

图5-14　广西森林资源保护中心综合楼［来源：华蓝设计（集团）有限公司］

图5-15　广西医科大学一附院门诊大楼

隔热效果有进一步的改善。如南宁市公路主枢纽埌东客运站，候车厅为展现生态化的设计理念，采用弧形铝合金复合屋面板以利于阳光反射，同时通过候车厅上部可调节的百叶窗引导自然风改善室内气流。整个建筑力求通过自然通风隔热的手法，达到为人们提供一个舒适、自然、环保、节能的建筑空间的目的。（图5-16）

图5-16    南宁埌东客运站（来源：《南宁建筑50年》）

## 5.3    顺应地形

F.L.赖特说过："建筑是大地与太阳的儿子，大地比任何人为的环境都重要。一个建筑在其中的生活与其外界的自然关系越密切，就越具有生命力。"

顺应地形是地域性建筑创作中利用与创造环境的重要方面，在建筑场地设计中，应充分考虑场地原有地形特征。建筑与地形的关系，犹如植物与土壤那样，相互依存、浑然一体，有着内在的统一和平衡。建筑用地的地形与环境，对设计的构思有很大影响，它常是特定用地条件下的产物，一旦脱离了地形的制约，地域性建筑本身就失去了赖以存在的依据。因此，设计时，对一切有利的地形及环境都应充分利用，发挥其作用，对一切不利的因素，则应加以改造或隐蔽，使其适于建筑的需要，以求做到建筑与地形的完美结合。为了更好地体现人、建筑和环境的和谐关系，在设计中，对建筑用地进行必要改造的同时，建筑也应尽可能地结合和顺应地形。

　　然而，当代建筑一般功能复杂且体量较大，对结构要求较高，狭窄的建设用地也使可灵活变通的地方较少，因而对场地的适应能力较差。许多大型建筑为了获得一定的基底建造面积，往往采用大开挖的方式来平整场地。这种方式既造价昂贵又破坏环境，从城市发展的长远利益来看，是一种得不偿失的行为，但目前并没有得到足够的重视。如果现代建筑技术的发展不仅没有缓解大体量建筑与山地地貌之间的矛盾，反而增强了建筑对环境的破坏能力。

　　广西当代建筑顺应地形的建筑创作主要有架空、嵌入、覆土、分散等多种手法。

### 5.3.1　架空

　　所谓架空，就是建筑创作中保留原有地形地貌，如山体、水体的原有状态，建筑物底部局部或全部透空，用立柱支撑上部空间的处理方式。广西传统的干栏建筑，就是底部架空以适应复杂山地地形的建筑构筑方式。建筑架于山水之上，对地形的破坏小，体现了一种建筑与环境共生的设计观。代表性建筑有广西博物馆、广西图书馆（图5-17）、广西财经学院教学楼（图5-18）等。

图5-17　广西图书馆（来源：《南宁建筑实录》）

图5-18　广西财经学院教学楼（来源：《南宁建筑50年》）

### 5.3.2　嵌入

嵌入式是地域性建筑利用地形地貌最常见的方式之一，建筑师通过嵌入地形将建筑埋入或半埋入地形中，使建筑与环境达到有机结合。

南宁荔园山庄位于广西南宁市青山路22号，毗邻南宁著名的青秀山风景区，是一个集政府高级别接待设施、商务别墅、国际会议中心、高尔夫球场为一体的综合项目。山庄是中国—东盟博览会的主要接待基地，南宁荔园山庄坐拥青秀山余脉，滔滔邕江绕山庄逶迤而过，依山傍水，环境幽雅，景色宜人。叠翠绵延中，南宁荔园山庄内建筑群皆依开敞山势而建，掩映在极具南国风情的生态荔枝林中，"荔园山庄"也由此而得名。

其中2006年中国-东盟建立对话关系15周年纪念峰会的主会场——荔园山庄国际会议中心，建筑面积35000平方米。为减轻巨大的建筑体量对环境的压迫感，主体建筑分层架空于山坡边缘，纵向深深嵌入山体之中，建筑的屋盖采用弧形的曲面网壳结构，与两侧山脊的曲线形成呼应。（图5-19）

### 5.3.3　覆土

覆土建筑，即在空间支撑和维护拒不依赖周围土壤层的建筑屋顶上覆盖一定深度的土层，使其与周围自然原生地表融合形成"次生地面"，将新建建筑与原有自然地形自然地融合在一起。

（a）荔园山庄国际会议中心

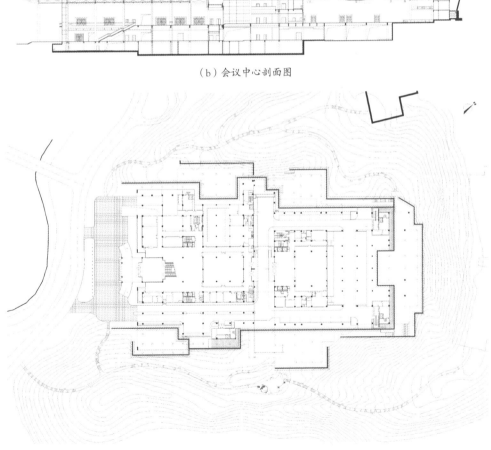

（b）会议中心剖面图

（c）会议中心平面

图5-19　荔园山庄国际会议中心 ［来源：华蓝设计（集团）有限公司］

由筑博设计集团设计，2013年建成的南宁市规划展览馆位于南宁市凤岭南路北侧、西临桂花路，东面紧贴南宁市凤凰岭的自然山体，景色优美。其建设目标是建成一个全新概念的集展览、市民休闲、景观为一体的新概念展馆。与大多数建筑物平坦的屋顶不同的是，规划展示馆的屋顶就像一堆堆大小不一的小土丘，四处是坡度不一的斜坡。将来建成后，屋顶将会成为真正的土丘——用土壤覆盖，并进行绿化处理。通过绿化处理后，背靠山丘的规划展示馆，与山体绿化植被融为一体，使建筑形体与山相接，在延续山脉景观的同时，还能起到遮阳、降温、导风的作用。

南宁市规划展示馆设计起始于对基地内山坡的保留，不但保留了山体，并且将建筑的屋面做成山体的延续，于是在形成一座规划展览馆的同时，也得到了一个全天向市民开放的坡地公园。建筑沿城市主要道路的部分底层退让出高挑的骑楼空间可以容纳城市生活。一方面这是建筑对城市的贡献，另一方面这些开放的公共空间也为规划馆招揽人气。于是这座披覆绿色，融于地景之中的开放建筑成为这座有"绿城"之称的城市最直接的理想表述。（图5-20）

### 5.3.4　分散

分散是指在山地建筑设计中，将大体量的建筑化整为零，分散为多个小体量的功能单元，使面积较大的现代建筑融于自然山体环境之中。这种手法能充分利用有限的建筑用地，适当地突出主要建筑，隐藏次要建筑，使建筑掩映于山林之中，有利于保持环境的自然情趣；缺点是管线铺设距离相对较长，经济性相对较差，交通路线也较长。

1986年，桂林市建设桂林博物馆，桂林博物馆位于桂林西山风景区内，前临西湖背靠西山，自然环境优越，博物馆总建筑面积8500平方米，包括陈列区、办公区、库房及一座可容纳300人的学术报告厅。这样的建筑面积，用桂林传统的亭台楼榭等建筑体量是难以容纳的，而集中式大空间的博物馆形态又容易破坏西山风景区的自然风韵。因此，桂林博物馆的设计者，华南理工大学建筑设计研究院的何镜堂先生确定了"化整为零，融于山水"的构思原则，采用单元组合式布局。基本单元采用12.6米×12.6米及18米×18米小尺度单元为主，多个单元围绕两个庭院布置，在每两个单元拼接处设置连接体，作为休憩空间。为了在视觉上减少面宽过长而单调的情况，单元组合参差布置，博物馆横剖面设计前低后高，前面两层后面三层，丰富了层次又与山形取得某种呼应。通过这些手法，成功地弱化了整个建筑的体量感，实现了大体量博物馆建筑与山水地貌的协调。（图5-21）

（a）南宁市规划展示馆

（b）南宁市规划展示馆透视图

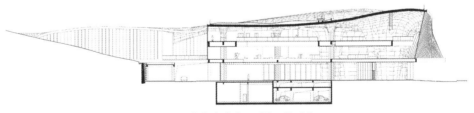

（c）南宁市规划展示馆剖面1

（d）南宁市规划展示馆剖面2

图5-20 南宁市规划展示馆（来源：南宁市城建档案馆）

（a）桂林博物馆

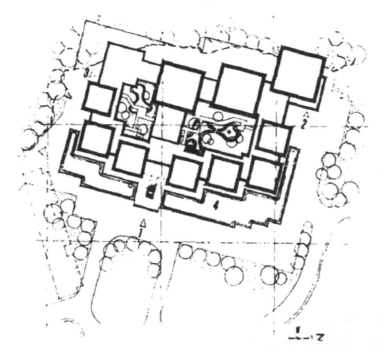

（b）桂林博物馆总平面图

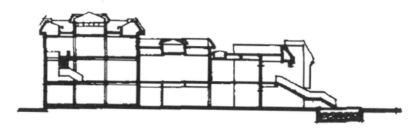

（c）桂林博物馆纵剖面图

图5-21　桂林博物馆［来源：（a）易春城摄；（b、c）《建筑学报》］

## 5.4　本章小结

广西有独特的气候和地理条件，既是建筑创作的限制性因素，也是创造建筑地域特征的有利条件。在广西当代地域性建筑创作中，应积极应对广西的气候条件以及建筑所处场地本身特殊的地形条件，创造与自然环境和谐共生的新型建筑。在本章中，通过对广西当代建筑创作的适应气候及顺应地形的设计手法的归纳和总结，分析不同手法的特点并用建筑实例加以说明。

第 6 章

基于广西适宜技术的
当代建筑创作

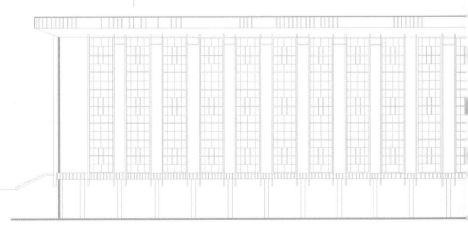

## 6.1　适宜技术的内涵及原则

### 6.1.1　适宜技术的内涵

技术是地域性建筑创作中的重要影响因素之一。当今的世界建筑技术的发展已经到了日新月异的程度，建筑的结构和材料技术以及施工工艺的不断革新，也带动了地域性建筑创作理论和实践的发展。但是由于各地区在地理气候、人文文化、经济发展及技术水平等方面存在较大的差异，因此在地域性建筑创作中对建筑技术的运用也倾向多元化，提倡因地制宜的运用适宜技术。正如《北京宪章》中所描述："由于不同地区的客观建设条件千差万别，技术发展并不平衡，技术的文化背景不尽一致，21世纪将是多种技术并存的时代"。[①]

### 6.1.2　适宜技术运用的原则

何种技术才是体现广西当代建筑地域性的适宜技术长期以来观点不一，有的观点提倡继承和发扬广西乡土建筑的技术，有的观点则认为应当追赶世界最新的高技术以体现广西的地域时代特征。如同批判性地域主义不是一成不变的建筑风格一样，适宜技术也并非一成不变的，每一个建筑，由于建造的时间和地点上的差异，导致在建造技术的选择上也有所不同，因此适宜技术的运用必须遵循"即时即地"的原则。

#### 6.1.2.1　时间性

首先，适宜技术具有时间性。随着时代的进步，广西社会生产力的不断发展，适宜技术也在不断地更新变化。广西传统的乡土技术如结构及材料技术是根植于当时的社会、经济和技术条件，虽然造价低廉、施工和维护便利，但存在跨度小、耐久性差等问题，仅适用于风景建筑等小体量建筑，已不能满足绝大多数现代建筑的使用要求，且复古不能代表这个时代的特征，但广西传统建筑的遮阳、通风、隔热等被动式节能技术则可以经过适当的改良和革新用于广西当代地域性建筑创作中。高新技术在体现了当前的时代的发展水平，能够满足当代建筑的各项需求，因此，在当代地域性建筑创作中应选择能体现时代特征的技术。

#### 6.1.2.2　地点性

其次，适宜技术有地点性。适宜技术不等于盲目追求高新技术，不加选择地引进高新技术不仅会增加建筑的成本，还会使得广西建筑的地域特征消亡，如20世纪80~90年代广西建筑的空调化、玻璃幕墙化的教训。因此，在广西当代地域性建筑创作过程中，应当根据广西的经济可承受能力、地理气候特点、文化习俗等多个方面的因素，合理选择适宜广

---

① 佚名. 国际建协"北京宪章"（草案，提交1999年国际建协第20次大会讨论）[J]. 建筑学报，1999，06:4-7.

西具体情况的技术并运用到建筑创作实践中。

　　长期以来，广西的社会经济和建筑技术水平在国内处于相对落后的境地，而且长期以来在人们观念里把地域性等同于传统、民族性，认为运用新技术就是现代国际式风格，因此在本土建筑师中采用新技术应对地域环境的案例并不多见，大部分都采用形式符号的手法。因此，在广西当代地域性建筑创作中必须打破狭隘的地域主义观念的束缚，一方面应深入研究和改良广西传统的通风、遮阳、隔热等被动式节能技术；另一方面要积极吸取当代建筑技术发展的最新成果，并选择适合广西地域条件的高新技术，才能顺应时代潮流的发展要求，建构起具有高、中、低多层次复合型的广西当代地域性建筑技术体系。

## 6.2　广西传统建筑技术的创新与运用

　　传统技术主要是在广西应用已成熟的传统技术，如材料技术、结构技术、采光通风技术等，传统技术的更新是将传统建筑技术或材料使用中最具特色的部分，加以改进后直接用于当代建筑。或者以高科技手段、材料重新诠释传统乡土技术的特征等。或同时采用乡土建筑材料与当代建筑材料，并且从视觉上和技术上将二者结合在一起。

### 6.2.1　传统乡土建筑材料的再现

　　说到广西传统建筑技术，自然而然会联想到广西的干阑建筑，其结构上以竹木为主，传统建筑材料虽然具有鲜明的特点，但是材料的性能却由于其自身的自然属性而受到很大的使用上的限制，使得传统建筑材料在一些新的类型建筑上已经不能够很好地适应新的空间要求了。因此在材料的使用上，设计者有必要对传统材料的使用进行重新思考。

　　时境建筑（Atelier Alter）设计的广西老年活动中心位于南宁市云景路与月湾路口，总建筑面积17576.71平方米，其中地上：14510.17平方米，地下：3066.54平方米，2014年建成。该项目旨在为离退休人员创造一个空间，20世纪60~70年代的公社生活是这些离退休人员年轻时代的回忆，农业生产是那个时代"集体式生活"的标志，自然地貌便是这一代人集体记忆的背景。建筑师通过对建筑空间在"地面"层面上的叠加，以求再现自然地貌，同时，尝试将广西传统的竹木结构建筑原型通过当代技术转译为现代空间，变化的遮阳板肌理暗合了本土手工印象，创造了丰富的室内与室外的空间体验。在建筑表皮上，建筑师运用了木纹铝方通遮阳板，在视觉上可以达到竹木材料的效果，同时又能避免木材在广西潮湿的气候下容易受潮、变形的问题，木格栅口径为80 x 200毫米，有3种不同的间距，在建筑表面的有三种浮动位置，赋予立面微妙的韵律变化。同时为这座东西向建筑提供遮阳保护和体育空间很好的通风效果。（图6-1）

图6-1 广西老年人活动中心 [来源：时境建筑（Atelier Alter）设计]

## 6.2.2 被动式节能技术的创新

长期以来广西建筑的被动式节能技术主要包括遮阳、通风等技术。

广西的建筑遮阳手法自20世纪50年代以来基本都采用固定式水泥遮阳板，在20世纪70~80年代曾经构成了广西亚热带建筑风貌的主要特征，但由于长期以来缺乏创新，而显得烦琐、笨拙、粗糙，与新时代建筑简洁、轻盈、精致的审美追求不符，因而在玻璃幕墙泛滥的20世纪90年代，在广西建筑的立面上消失了。进入21世纪，穿孔金属板、金属格栅等现代建筑材料及自动化技术的出现为建筑师提供了更多的选择余地，精美的遮阳构件又出现在建筑立面上。

源计划（建筑）工作室设计的南宁南华国际大厦，建筑采用极其简单的形体：一个长36米、宽36米、高117米体积共约15万立方米的立方体。原本相对混杂的功能在垂直方向进行"离析"——办公空间和公共（观景）空间被清晰分离——竖向生成两个纯办公楼层的方体和三个透明的公共楼层。两个办公方体——集团自用办公部分和出租办公部分——被悬置于开放的透明楼层之间。三个公共楼层为环绕中央结构核心的全景空间，在建筑的不同高度上引入城市景观。[①]办公方体部分的表皮为双层幕墙：内层是与结构柱外皮持平的低辐射中空玻璃墙幕，外表皮是单元式铝合金遮阳隔栅网；两层幕墙之间是供清洁和维护用的工作马道。整个建筑外立面仅呈现两种建造材料——阳极氧化表面处理的铝合金和高透白玻璃，清晰地表达了垂直方向上的建筑逻辑。铝合金幕墙单元的大小为1.5米×3.6米，其构造方式依然明晰地体现整体建筑的逻辑性。1厘米×4厘米截面的实心铝合金型材十字相交，交点处由25厘米×25厘米的铝合金铸造的十字形构件扣紧而成为牢固的整体单元。幕墙单元将在工厂加工完成再运抵现场安装，以保证单元尺寸的精确性。四个建筑立面共由约3000个单元构成，总重量为约600吨。约40万个亮银色的具有传统花隔窗意味的铝质十字构件把大楼塑裹成一个清白简明的"银"质城市景观。（图6-2）

传统的岭南庭院空间是通风、采光和改善小环境的有效方法，之前由于结构、排水等技术水平的限制，广西当代建筑往往是在低层建筑或者在高层建筑的裙楼运用庭院空间，但是随着城市规模和密度的不断增大，需要在庭院空间的使用上采取创新的手法，比如，可以把庭园引入高层建筑的中间层或屋顶层（称为屋顶花园或天台花园）。

南宁金源现代城高30层，其中地下2层、地上28层，是一栋集办公、商业为一体的综合性公共建筑。建筑造型设计采用现代建筑构图原理及主体构成的手法，用三片半圆形的板块组合塔楼平面，同时创新的在高层建筑引入了庭院的全新理念，创造了大量的灰空间——空中庭院，在高密度的环境中创造更多的绿化空间，有效地改善了室内小环境。建

---

① 源计划（建筑）工作室. 南华国际大厦[J]. 城市环境设计，2011，9：210.

（a）南宁南华国际大厦

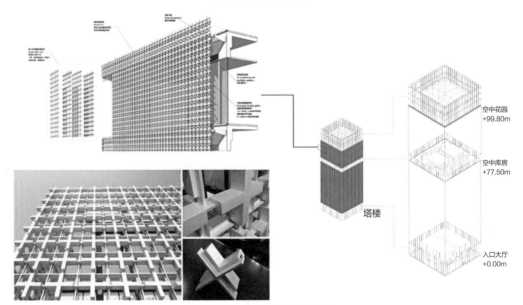

（b）南宁南华国际大厦遮阳格栅

图6-2　南华国际大厦（来源：《城市环境设计》2011.09）

筑外立面虽运用了大面积玻璃幕墙，但考虑到南宁的气候条件，采用了低辐射（LOW-E）中空玻璃，同时玻璃外侧采用了大面积横向遮阳百叶，通过这一系列处理，有效地减少了热辐射进入室内，并减少了空调的能耗，实现了传统被动式节能技术在现代高层建筑上的创新。（图6-3）

（a）南宁金源现代城　　　　　　　　　　　（b）南宁金源现代城

图6-3　南宁金源CBD现代城 ［来源：（a）华蓝设计（集团）有限公司；（b）www.baidu.com ］

## 6.3　高技术与广西地域性建筑的结合

随着广西社会经济的不断发展，大跨度、超高层建筑不断出现，而广西传统的技术已经无法适应新建筑的要求，如果固守狭隘的地域观念，而不能以发展的眼光看待当地的传统材料与技术，拒绝吸收外来信息、资源，无异于扼杀广西当代建筑的生存与发展。因此，广西当代地域性建筑必须打破狭隘的地域概念，吸取当今时代最新的建筑科技，注重创新，才能顺应时代潮流的发展要求。

进入21世纪，国外建筑师用全新的技术语言诠释了广西当代地域性建筑，如德国GMP设计的南宁国际会展中心，建筑根据南宁地域的自然环境条件，将对气候、通风、开放性的考虑，融合到了建筑之中，运用适合当地地域条件的新型技术与材料，形成了风格鲜明、具有南方特色的建筑，为广西建筑探求采用新技术地域化创作提供了崭新的思路。

说到南宁国际会议展览中心，市民津津乐道的是其标志性的朱槿花造型，但其背后，正是体现时代的建筑技术成就了这一朵绽放的朱槿花，其12瓣折板型膜结构拱顶由轻巧的菱形钢桁架支承，采用双层PTFE薄膜，外层是半透明的隔热膜，内层是半透明的吸音膜。这是一种表面有特氟龙涂层具有自洁功能的玻璃纤维，这个造型独特的膜结构拱顶展现了现代技术的结构美，把钢结构和膜结构完美地结合在一起，用新技术重新诠释了南宁城市的象征——朱槿花。（图6-4）

图6-4　南宁国际会展中心膜结构拱顶（来源：www.baidu.com）

除了膜结构拱顶之外，大跨度钢结构屋面和玻璃幕墙也是会展中心的主要特征，由呈菱形交叉的钢梁连接成的每榀宽度为17.25米，截面为倒三角形的钢结构屋架，每榀屋架两端由两层高的钢筋混凝土柱支撑，并向外出挑；展厅外墙采用的嵌型钢立柱的钢框玻璃幕墙，由两片钢板通过螺栓连接的嵌型钢立柱支撑着水平的槽钢，大片的幕墙玻璃再安装在钢框之上，通过这一系列技术措施，让巨大体量的会展中心具有了广西建筑精致、轻盈、通透的热带特征。（图6-5、图6-6）

图6-5　南宁国际会展中心钢结构屋面（来源：《南宁建筑50年》）

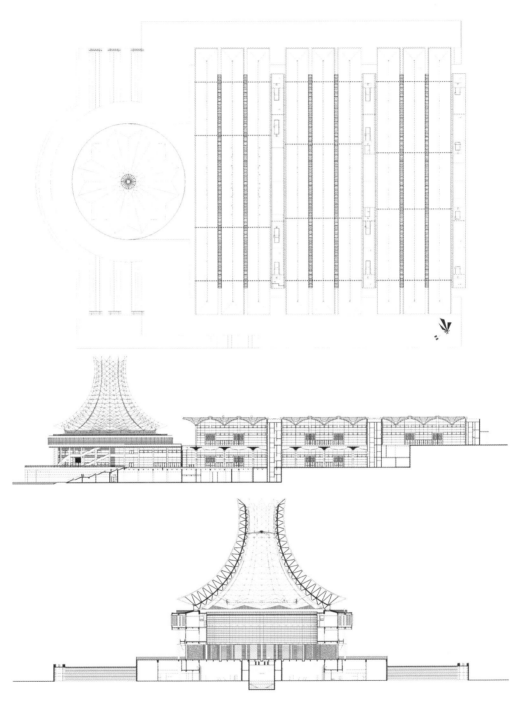

图6-6　南宁国际会展中心［来源：华蓝设计（集团）有限公司］

　　会展中心还运用了很多先进技术以兼顾功能及节能的需求，如考虑防火和排烟，幕墙的开启窗全部采用智能电动控制开窗器。所有展厅室外立面的玻璃幕墙均采用双层中空玻璃并加设电动遮阳等。回想起1966年建成的广西体育馆，采取了自然通风，对室内降温起到了明显的作用，但同时也牺牲了一些现代体育建筑的功能：由于自然通风，气流对室内的羽毛球等项目的比赛带来影响，导致体育馆无法举办高水平的体育竞技，后来体育馆改为全封闭、全空调的场馆，这不得不说是一个遗憾。如果在体育建筑中运用可电动控制开启的通风口设计，则既可以在对气流要求严格的赛时关闭通风口使用空调，平时运营采用自然通风起到节能的效果。

与当时区内的设计院的结构、设备工程师往往在初设阶段才介入建筑设计不同的是，GMP的设计师在南宁国际会展中心方案开始阶段就考虑了适宜建筑技术的选择以及建筑结构、设备等专业的配合与协调问题，从方案到初设到施工，由此确保了方案构思得以高完成度的实现，一朵精美的朱槿花才得以绽放在八桂大地。

而当时区内乃至国内设计院的方案阶段往往只有建筑专业独立完成，结构设备等工种往往只是配合写个专业设计说明，并未真正参与到方案设计中，而建筑师往往重视建筑造型及功能却忽视了技术，当直至方案通过进入初步设计阶段时，很多影响建筑专业设计的限制条件才提出来，造成建筑方案的大修改甚至导致构思无法实现。

南宁国际会展中心的成功，让广西本土的建筑师意识到新技术与地域性不是二元对立的关系，在追求民族形式之外，还有一条崭新的地域性建筑创作之路，越来越注重在地域性设计中运用适宜性的新技术来表达建筑的地域性。

2012年，广西华蓝设计（集团）有限公司设计的南国弈园落成（图6-7）。南国弈园位于广西南宁市凤岭新区核心地带，周边环绕着大型商业综合体以及高容积率居住区，占地约6533平方米，共7层，建筑面积1.3万平方米，是广西目前唯一的智力运动专业场馆，也是广西第一栋二星级绿色公共建筑。在设计之初南国弈园的目标就是采用适宜技术，打造低成本、高品质适合广西地域特点的绿色建筑。

为此，南国弈园采用了多样绿色技术，绿色建筑技术的选择，关键在于是否适合建筑本身的需求，是否适合广西地域特色、环境气候和经济发展水平，满足节约、适用的原则。绿色技术选择正确，可以带来事半功倍的效果。在南国弈园的建筑实践中，最具亮点的适宜性绿色技术有如下几项：

### 6.3.1　复层绿化技术

南国弈园的绿化包括地面和屋顶绿化两个部分，绿地率35.1%。每一部分都采用地被植物、乔木、灌木进行复层绿化。建筑7层是一个传统民居形式的院落空间，供人们在此纹枰论道、观景静憩。在屋顶的绿化不仅增加了绿地面积、为建筑提供了遮阳和隔热、改善了小气候、降低了建筑能耗，种植的竹、桂等广西的乡土植物，还与顶层质朴的仿古建筑共同营造出一个宁静雅致的庭院，颇有白居易诗中"山僧对棋坐，局上竹荫清。映竹无人见，时闻下子声"的意境。（图6-8）

图6-7　南国弈园［来源：华蓝设计（集团）有限公司］

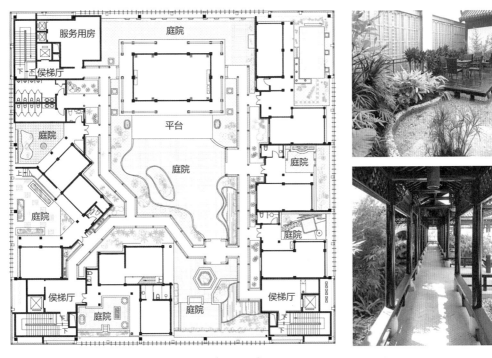

图6-8　屋顶庭院［来源：华蓝设计（集团）有限公司］

### 6.3.2　自然通风技术

　　为实现自然通风减少空调能耗，南国弈园建筑内设置了大量的半开敞空间，建筑首层及二层为开敞的入口大堂及咖啡吧、棋友区及对弈室等服务空间。除对弈室之外，其余空间完全通过自然通风解决空间的温度、湿度，经过通风模拟试验结果表明，通风效果良好。除此之外，3~6层也设置了大量的休息观景平台等开敞空间。整栋建筑不依赖空调全自然通风的建筑面积约占总建筑面积的20%，面积达到 2 000 多平方米，减少的建筑空调能耗约五分之一。此外，在5、6层办公区的装修设计中，还运用了可开启电动玻璃隔墙的设计，在室外平均温度 15~26℃ 作为自然通风过渡季的基本条件下，开启玻璃隔墙自然通风，办公区就可以不开启空调。南宁市过渡季天数约为 100 天/年，因此从时间上还可节约近三分之一的空调电耗。（图6-9）

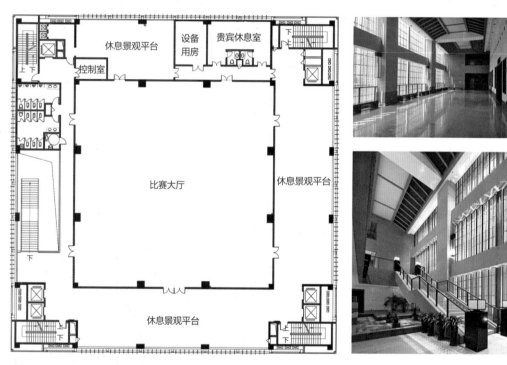

图6-9　各层开敞空间 [来源：华蓝设计（集团）有限公司]

### 6.3.3　建筑遮阳技术

　　由竖向遮阳板组成的建筑表皮是南国弈园最具代表性的特征，建筑立面方正简洁，纵横的方格网络，犹如围棋的棋盘格，格内嵌有遮阳百叶，将"南国弈园"这一地域与文化的双重特性诠释得淋漓尽致。与以往广西建筑常用的固定式水泥遮阳板不同，南国弈园 4 个外墙采用的都是电动可调节铝合金百叶，每个立面由36组4.2 米×3.9米的百叶单元组成，每单元有8片高3700毫米、宽450毫米的铝制穿孔百叶构成，叶片可根据阳光角度在0～90°范围内调节遮阳板的角度，能够更好兼顾遮阳和通风，整个建筑犹如披上一层白纱，通透雅致，将内部繁复的空间藏于简洁的外表之下，体现中国传统文化的含蓄内敛。（图6-10）

此外，南国弈园还设计了太阳能光伏发电术，将建筑景观与可再生能源巧妙结合在一起。南国弈园还曾考虑过使用地源热泵技术，但是经过测算，场地面积不能满足地埋管的要求，因此没有选择该技术，也体现了一种不盲目追求高技术而是因地制宜的技术观，南国弈园执行 GB/T 50378—2006《绿色建筑评价标准》（以下简称《标准》）。2010年12月通过专家评审，2011年10月获得国家绿色公共建筑二星级设计标志证书。

2014年9月25日正式启用的南宁吴圩国际机场T2航站楼，建筑面积18.9万平方米，由北京市建筑设计研究院、美国KPF事务所、上海民航新时代机场设计研究院有限公司联合体设计，是目前广西最大的一次性单体建筑，也成为广西地标性建筑。

从空中鸟瞰新航站楼犹如两只回首相望的凤凰，主屋盖整体设计简洁优美，屋盖总面积达8.8万平方米，其中90%以上部分为双曲面。为了完美呈现"双凤"这一设计理念，主屋盖采用了3种直立锁边板覆盖，光洁的直立锁边曲面屋盖系统也利于南宁多雨气候下的屋面防水需求。南宁吴圩国际机场T2航站楼屋盖的整体流畅度和技术难度已经达到了国内的领先水平。（图6-11）

考虑到节能及改善室内环境质量的要求，主楼中央出发大厅设有55个菱形天窗，自然光经过金属反光板和膜材料的反射进入室内，为值机大厅空间提供了丰富的自然采光。指廊及中央大厅的不同朝向，使屋面采光的角度呈现出不同变化，有效避免了炎热季节和时

图6-10　南国弈园立面遮阳板［来源：华蓝设计（集团）有限公司］

图6-11　南宁机场T2航站楼屋盖（来源：www.baidu.com）

间段的阳光直射。幕墙上设计有彩釉玻璃，沿弧形的表面上密下疏，产生渐变的效果，保证旅客视线范围内的通透，又阻挡了过多的热辐射。

　　此外，弧面倾斜的单向索幕墙及大跨度空间钢结构也是南宁机场T2航站楼的技术亮点，南宁机场T2航站楼的索幕墙平面呈弧形，上沿半径为401.28米，下沿半径为406.81米，最高点达32米；幕墙整体朝室外倾斜约10度。该幕墙形式复杂、实施难度大，同时存在弧面、倾斜、单向索三大难点，目前在国内首屈一指。T2航站楼下部为混凝土结构，大厅采用超大柱网，通过不规则的Y形分叉钢柱承托斜交斜放网架金属屋面结构，属于独有的超限大跨空间结构，制作安装及空间定位难度高。（图6-12）

图6-12　T2航站楼大跨度空间钢结构

## 6.4　本章小结

从1966年建成的广西体育馆，比赛大厅屋盖采用当时先进的跨度达54m的大型钢管立体桁架及铝板屋面，以及顺应气候的自然通风设计，成为广西当代地域性建筑的典范。在国内也处于领先的地位，但是在其后的20世纪70～90年代，由于广西社会经济发展水平的落后，广西建筑在技术表达上也逐渐和国内发达地区产生了差距。近年来，随着广西社会经济的蓬勃发展，为广西建筑追赶国内先进地区创造了有利的物质条件，南宁机场T2航站楼的建成，表明广西当代建筑在建造技术上已经达到了一个新的高度。建筑技术已不再是束缚广西当代地域性建筑发展的主要因素，而建筑师缺乏对于先进建筑技术的深入了解以及将其付诸实施的能力，以及相关创作理念的滞后是导致广西当代建筑与国内先进水平之间差距的主要根源之一。在新的形势下，建筑师在创作实践中应体现出积极的技术思想，充分发挥技术对于地域性建筑的促进作用，创作具有时代特点的广西当代地域性建筑。

第7章

广西当代地域性建筑
设计探索

## 7.1　广西体育中心游泳跳水馆

广西体育中心坐落于南宁这座青翠宜居、富有活力的中国绿城，是展示广西、展示南宁面向未来蓬勃发展的地标性建筑群。广西体育中心是自治区"十一五"规划、自治区先进文化省区建设规划的重点项目，按照能够承办全国性运动会，区域性国际运动会和部分国际、国内重大单项体育赛事的标准进行设计，建成集体育比赛、展示、教学训练、娱乐健身、观光旅游和经营功能于一体的可持续发展的标志性建筑群，游泳跳水馆是广西体育中心一场三馆中的重要组成部分。设计要求因地制宜、充分考虑地域环境条件，减少对周围环境的损害，建筑环境与空间造型和谐统一，充分协调好周边建筑景观的关系，应和在建的主体育场风格协调，彰显体育建筑的个性和地域的特征。

广西体育中心游泳馆位于体育中心用地东南角，总建筑面积约3万平方米，可容纳观众座席4000座，能够满足举办全国性运动会和单项国际比赛的要求，可以承担游泳、跳水、花样游泳、水球等各类比赛，赛后将成为一个集游泳、运动、健身、休闲于一体的市民水上活动中心。

在游泳跳水馆项目的创作中，设计团队借鉴和发扬本土前辈建筑师的地域性建筑创作理念，从建筑布局、立面造型、节能设计等技术策略进行细致深入地推敲，设计充分考虑与南宁的文化、当代的技术、地域的环境相结合，积极探索新的时代背景下广西建筑地域化发展之路，力图创作反映时代精神的新广西建筑，推动广西地域特色建筑的不断向前发展。

图7-1　广西体育中心鸟瞰图

业主在广西体育中心游泳跳水馆的设计任务书中明确提出了对建筑的地域性表达的要求，设计目标：与正在建设的主体育场构成广西体育中心建筑群，以建筑的个性反映地域的文化和气候。构成可持续发展的标志性建筑群、功能完善的体育比赛和群众体育活动休闲中心。设计原则：1. 因地制宜，充分考虑地域环境条件，减少对周围环境的损害，建筑环境与空间造型和谐统一，充分协调好周边建筑景观的关系，应和在建的主体育场风格协调，彰显体育建筑的个性和地域的特征；2. 建筑应适用、坚固和美观，结合地理、气候、风俗、文化和个性特点，反映时代和体育的精神，并以创新的风格和意识，营造建筑的特色和吸引力；3. 设计应把构造、功能和视觉效果完美结合，建筑形式清晰、细腻、精致、简洁；4. 应充分考虑多功能使用的灵活性，舒适实用、功能齐全、满足使用要求，有充分的可实施性。并充分考虑场馆的运营策略，为场馆的可持续经营提供可能；5. 设计应考虑适合地域性的节能和节材措施。6. 设计能对场馆的建设和日后的运营提出良好的可持续的对策。

因此，如何将游泳跳水馆打造成为一个具有时代特点的地域性建筑是我们思考的主要问题。我们认为应从地域文化、自然环境和适宜技术三方面入手，探索基于南宁人文环境、自然环境和适宜技术理念的当代地域性建筑创作的总体原则与具体策略。

### 7.1.1 基于人文环境

在广西当代地域性建筑创作中，基于广西人文环境的创作手法主要有乡土建筑的再现、历史文化的隐喻、民族元素的夸张、传统空间的植入、城市文化的象征等手法表达建筑的文化内涵。

广西有很多的优秀民族传统建筑，如壮族的麻栏、侗族的干栏民居，传统建筑的形式适合于小型建筑，不能满足当代大尺度体育场馆的空间需求，而简单运用"壮锦、铜鼓"等历史和民族文化符号只流于形式上，难以表达地域文化的内涵。南宁国际会展中心的建筑设计紧扣现代会展建筑的功能及南宁市花朱槿为主题以理性主义的手法高度地融合了建筑技术与艺术表现，成功地营造了极具时代特色的城市标志性建筑，值得我们借鉴。

在对广西建筑基于人文环境的设计手法研究的同时，我们也对国内大型体育场馆的地域性设计进行了分析，随着地域性思潮的蔓延，国内大跨体育建筑创作越来越注重运用最新的建筑科技塑造出的创新形态作为一种城市文化的象征符号向公众传递。如1987年建成的吉林滑冰馆，运用正负曲率悬索重索和与其相反曲率的稳定索组成预应力双层索系结构，塑造出冰凌般建筑造型，以呼应吉林寒地冰雪景观（图7-2）；2005年建成的上海旗忠网球中心，屋盖设计成花瓣形态，并运用可开启钢结构屋盖技术，模仿上海市花白玉兰的开花过程，以表达上海的城市文化（图7-3）；2009年建成的济南奥体中心，概念源于清代诗人刘凤诰赞美泉城济南的佳句"四面荷花三面柳，一城山色半城湖"，通过组团整体形象成功传递了"东荷西柳"的文化韵味（图7-4）。

图7-2　吉林滑冰馆（来源：www.baidu.com）

图7-3　上海旗忠网球中心（来源：www.baidu.com）

图7-4　济南体育中心（来源：www.baidu.com）

通过对广西基于人文环境的创作手法以及国内大型体育场馆的地域性设计手法的总结与分析，相较于一般民用建筑，大跨体育建筑受社会、经济、结构及技术等诸因素的制约和影响更加明显。大跨体育建筑的形态表达，应当运用现代科技，对地方性文化元素提炼并转化为建筑语言，创造一个合理、高效而亲切的地域文化场景。

因此，我们对南宁城市文化背景和现状环境进行了充分的分析，意图汲取设计的灵感，绿城南宁的森林覆盖率将近40%、城市绿化覆盖率将近38%。著名诗人郭沫若曾赋诗"半城绿树半城楼"赞誉南宁。在游泳馆之前建设的广西体育中心主体育场以两片飘动的

"绿叶"为主题，力图塑造出力度动感、轻盈飘逸的充满南宁地域特色和体育建筑内涵的体型特色。地域性建筑的一个重要特征就是与环境相融合，不仅体现在与周边环境以及已建建筑和谐统一，还要体现与地域文化的内涵。为此，本设计确立了尊重原规划定位，延续并强化原设计理念的思想，整合拟建各场馆风格与形态，塑造更为完整的整体形象和丰富生动的空间，强调各场馆间的和谐共生，同时也赋予各场馆单体独具特色的魅力形象。

### 7.1.1.1　绿叶的生长——绿城文化场景的营造

整体与局部不可分割的特性是所有有机生命所固有的，在原总体规划中，已经确立了以主体育场为核心的总体思路。因此，本设计以对南宁的绿城的概念和先期建设的主体育场的解读为切入点，确立了延续并强化体育中心的整体性而非突出游泳馆个体的设计原则。在原总体规划中，确立了以主体育场为核心，体育馆、游泳馆和网球中心分别半环绕主体育场布置的格局，形成了较为整体的空间结构。目前正在建设中的主体育场以两片飘动的"绿叶"为造型的主题，塑造出力度动感、轻盈飘逸的充满南宁地域特色和体育建筑内涵的体型特色。（图7-5）

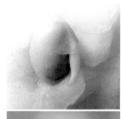

网球中心. 种子——小巧可爱的圆形，宛如一个露出地面的种子，设计巧妙的"破"，更生动地表达了种子突破生命的瞬间！

游泳馆. 叶芽——建筑的表皮，犹如待发叶芽，蜷曲的身躯，孕育在大地和水中，渴望着生命的开始……

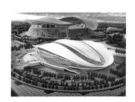

体育馆. 嫩叶——刚刚张开的叶子，纯净，舒展，虽然还带着少许的羞涩，但强大而旺盛的生命力正在迸发……

主体育场. 飘叶——上翘和下翘的叶子，迎来的是"飘逸"和"动感"，更展示出其活力，而超大的两片"绿叶"，更表达了生命力的震撼！

图7-5　广西体育中心游泳跳水馆设计构思来源

设计通过对网球中心、游泳馆、体育馆和体育场的体量关系和在总平面的序列分析，发现其体量是一个由小到大的序列关系，加上已经建成的主体育场，仿佛是一个"绿叶"的成长过程。因此设计采用隐喻的手法，以网球中心隐喻种子，游泳馆隐喻叶芽，体育馆隐喻嫩叶，主体育场隐喻飘叶，描绘出一幅绿叶生长的生态过程，构建了各场馆间整体、生动的内在关系，从而达到了整个体育中心高度的协调和统一，同时也以此讲述了"绿城"南宁的一个生动故事，展示了这座城市的活力和前景。

### 7.1.1.2  卷曲的嫩叶——建筑造型的塑造

游泳馆流畅的建筑型体给人们以丰富的联想——两片尚未展开、尖角才露的"叶芽"，展现出一个浪漫而又现代的体育新建筑。错动的叶片展现出初生叶芽所饱含的生命力与张力，彰显朝气活力、坚韧不拔、积极进取的体育精神，一道道钢桁架拱勾勒出的叶脉表现出建筑的力度和运动之美，使整个游泳馆洋溢着生命的活力与激情，游泳馆周边景观的设计更进一步延续了绿叶的脉络，建筑与景观有机地结合，诠释着绿城南宁生生不息的主题。（图7-6）

图7-6  广西体育中心游泳跳水馆

### 7.1.2  尊重自然环境

气候作为重要的自然环境因素，深深地影响着南宁地域性建筑的形式、类型和细部构造。建筑通过结合自然气候要素（阳光、温度等）选择合适的建筑布局和细部构造形式，表达对所处自然环境的低能耗的反应。南宁的气候属于热带气候区的湿热气候类型，最典型的气候特征是终年温度较高、日照强、环境潮湿闷热。因此，建筑遮阳、隔热、自然通风、采光等适应气候的处理方式在南宁建筑中比较常见。

随着新技术的不断涌现，人们已经可以创造出与外部环境完全隔离的内部人工环境，使得像气候等自然特征对建筑形成的制约能力有所降低。在以往大多数现代体育建筑设计中，大型体育场馆在设计中都是通过各种现代建筑技术创造全封闭全空调的空间来实现舒适的室内环境，而地域性建筑创作在自然环境问题中的策略思想要求我们处理科学技术和自然的关系，不应当是生硬对抗而是和谐统一。

在广西体育中心游泳跳水馆建筑创作中，我们希望建筑能够符合自然的条件，合理的设计，用简单的技术与理论去实现建筑与气候的适宜性。

### 7.1.2.1　适应环境的建筑布局

在体育中心修建的详细规划中，游泳馆是正南北纵向布局，与西侧的体育馆完全对称，但是我们通过对现状地形和气候条件的分析发现，游泳馆用地的东南角有一条良庆河穿过，如果采用原规划的布局，必须将良庆河改道。

设计中我们吸取岭南传统村落通风降温系统的设计原理（图7-7），结合体育中心平面及良庆河的现状位置，游泳跳水馆平面由东向南偏转25.74度，使得建筑长边朝向东南良庆河，风从东南方向吹来时，先经过良庆河并降温，然后通过建筑东南、西北两个长边设置的侧窗，引导主风向气流进入室内观众厅并形成对流（图7-8）。通过这一调整，不仅保留了良庆河的原始地貌，还让良庆河从一个设计上的限制因素变成一个有利于自然通风降温的条件。

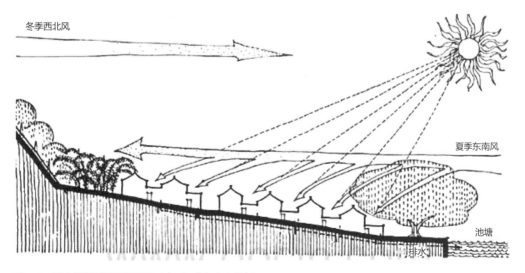

图7-7　岭南民居通风降温示意（来源：《广府建筑》）

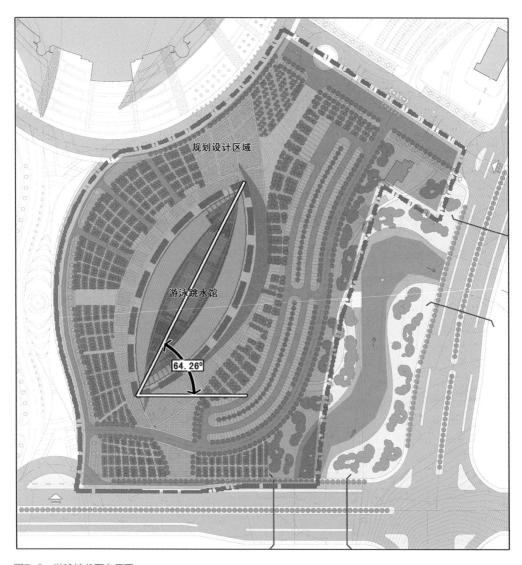

图7-8　游泳馆总平布局图

### 7.1.2.2　充分利用自然通风

南宁的主要气候特点是炎热潮湿，加之游泳馆内湿气较大，因此通风显得尤为重要。游泳馆结合南宁气候特点引入自然通风理念，考虑赛后不使用中央空调情况下，能满足进行群众性体育活动的要求。

游泳馆比赛大厅东西两侧各设置500平方米的侧窗，冷空气从侧窗进入室内，同时屋顶设有天窗，热空气通过天窗排出室外，形成烟囱效应，使馆内气流通畅，降低室内温度，减少空调能耗。在建筑的1层两侧共设有8个直通比赛大厅的出入口，在平时也可作为通风口。通过以上措施在尽可能长的时间内最大限度利用自然通风满足场馆的室内舒适、健康的环境要求，减少对空调系统的使用，为赛后的场馆运营节约大量空调能耗。对于比赛馆，当向一般市民开放或出租租金较低时，可以采用自然通风降温换气，当自然通风无法满足要求时，开启机械排风系统降温换气，当排风口及机械排风系统全部打开时，室内换气次数可达13次/h以上；当举行大型的活动，室外温度为10～25℃（约占全年54.6%的时间）时，仍然可以采用自然通风。通过通风模拟实验表明：在过渡季主导风向（南向）作用下可营造较好的自然通风气流组织，在较多出现的东风作用下场馆自然通风效果更好，室内舒适度更佳。

在引入了自然通风的同时，我们吸取了20世纪60年代广西体育馆通风设计的经验与教训，通过在天窗和侧窗运用电动开启技术，可实现侧窗的自动开合，比赛时封闭侧窗使用空调系统，日常运营时则打开侧窗实现自然通风，既能满足了高标准国际单项比赛的要求，也实现了平时运营节能的目的，达到了赛时和平时兼顾的效果。（图7-9）

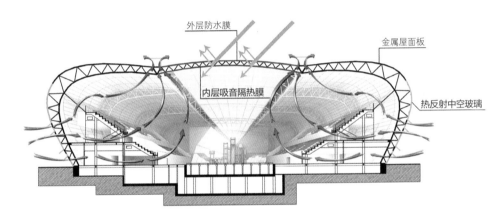

图7-9　广西体育中心游泳跳水馆自然通风隔热示意图

### 7.1.2.3　巧妙利用自然采光

游泳跳水馆南北长240米，东西宽114米，内部空间进深较大，仅靠侧面采光往往难以使采光面积、照度、均匀度达到采光质量要求。而全部采用人工照明能耗较大，除了比赛时采用人工照明满足赛事转播需求外，平时的日常运营靠人工照明是难以为继的。因此，如何解决采光问题尤为重要。它不仅要节能，还要能给身居其中的人们以心理和精神上的满足。我们在进行建筑设计时，探讨了各种采光的途径。

在现代大型公共建筑的自然采光手法主要有天井采光和天窗采光两种，但是各有缺陷，天井采光是解决大进深建筑采光的有效方法，但是建筑无法封闭，不符合设计任务书中对游泳馆的要求；天窗采光是现在大空间建筑节能设计的常用方法，但是以往由于材料技术的限制，多采用玻璃作为天窗材料，为避免热辐射和阳光透过玻璃一同进入室内导致空调能耗增加，因而天窗采光面积一般较小，容易形成眩光，不利于跳水运动员比赛。

广州新体育馆新颖的透光屋盖设计为我们提供了有益的参考。体育馆巨大的弧形屋盖全部由透光的聚碳酸酯板（阳光板）铺设，白天阳光透过半透明的屋盖就可以形成适于进行体育活动的采光条件。（图7-10）

图7-10　广州体育馆（来源：www.baidu.com）

透光屋盖进光均匀，不会产生眩光，适于进行游泳跳水比赛。因此在游泳跳水馆的设计中我们运用了采光屋盖的设计手法；但另一方面，采光设计要求采光与温度同时满足。当采光面较多的时候，在夏季过多的太阳辐射可能会造成建筑温度过高，加重空调的能耗，经过权衡，我们将自然采光区域确定为覆盖跳水池、游泳比赛池及训练池的上方，共约5000平方米。

白天阳光透过透光屋盖进入室内，为整个场馆提供了良好的照度并形成良好氛围，置身其中犹如遨游于蓝天碧海，为运动健儿创造佳绩提供了理想环境。尤其是在赛后运营期间，游泳馆比赛及训练大厅对外开放时基本可以不使用室内人工照明，可节约大量的运营成本。

### 7.1.2.4　多种形式的建筑遮阳

1. 屋顶遮阳

由于屋顶采用自然采光，随之带来了遮阳的问题，如射入的阳光过强不仅会导致游泳跳水馆室内温度升高，增加能耗，更关键的是眩光可能会影响跳水运动员的正常比赛。

因此，选择适当的透光屋盖材料对自然采光设计的成败至关重，我们参考了广州体育馆的设计经验，设计成双层聚碳酸酯板屋盖，其具有良好抗冲击、隔热、隔音、采光、防紫外线、阻燃、耐候等优点。外层为银白色聚碳酸酯反光板，可大幅度减少太阳热辐射进入，内层采用乳白色磨砂面聚碳酸酯板，可使进入室内的光线柔和漫射，不产生眩光，满足跳水等比赛的要求。广州体育馆聚碳酸酯屋面透光率约在10%~12%左右，室内光线稍显过强，而且举办乒乓球比赛要求不能有自然光，因此广州体育馆设置有内部遮阳帘，广西体育馆聚碳酸酯屋面的透光率控制在8%，避免光线过强，且游泳跳水比赛允许自然光线进入，无须额外设置遮阳帘。

2. 立面遮阳

游泳跳水馆立面采用了低辐射（Low-Emissivity）中空玻璃幕墙，钢化双层中空玻璃厚度为8毫米，中空层12毫米。南宁属夏热冬暖地区，低辐射—热反射中空玻璃可以反射红外、远红外辐射，阻挡热量的传递，夏季阻挡室外高温，冬季保持室内热量不流失。同时，低辐射玻璃仍然保持了很好的透光性，在阻挡热量传递的同时，不影响室内的光亮，也大大减少光污染。

3. 形体遮阳

广西建筑遮阳常运用遮阳板、百叶、格栅等外遮阳构件。但是广西体育中心造型是光洁的双曲面造型，运用此类遮阳构建会破坏建筑形态美感，因此我们采用了"形体遮阳"的概念，即运用建筑形体的外挑与变异和建筑形体自身产生的阴影来形成建筑的"自遮阳"，进而达到减少墙面受热的目的。建筑东南、西北两侧向外倾斜，如卷曲的嫩叶，自然地遮挡夏季最强烈的直射阳光，不仅形成了建筑的"自遮阳"，同时也创造出优美的建筑形态。（图7-11）

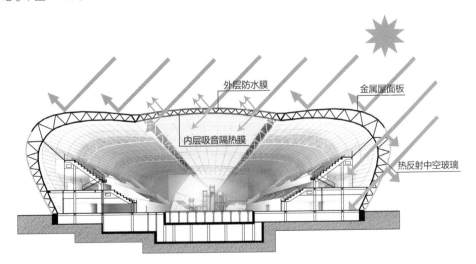

图7-11　广西体育中心游泳跳水馆自然采光遮阳示意图

### 7.1.3    选择适宜技术

建筑是时代的反映，不同的地域，不同的时代，不同的建筑技术产生出不同的地域性建筑。在目前的地域性建筑创作中存在一种误区，认为采用钢结构、玻璃幕墙这些现代技术就是国际式建筑而非地域性建筑。其实纵观广西的地域性建筑的发展，从木构架的干栏建筑到木骨泥墙的民居到砖石结构的骑楼再到混凝土结构的广西体育馆，地域建筑的形式是随着技术的不断演进而改变的，不同时期的地域建筑形式都体现了当时建筑技术的发展水平。因此，我认为地域性建筑的创作不应当拘泥于传统的建筑形式，且传统的建筑技术也无法满足现代化体育场馆的要求，在广西体育中心游泳跳水馆的设计中应当体现时代性。

但是，在技术的选择上，我们不是一味地追求高技术，而是借鉴传统建筑建造的理念，以广西传统的干栏建筑材料为例，材料使用上以竹木为主，除了具有"选材方便、适应性强、有较强的抗震性能、施工速度快和便于修缮、搬迁"等优点，而且生态环保，对环境无污染，虽然竹木建筑结构已经完全无法适应当代大跨度体育建筑的要求，但是传统建筑的生态性、适宜性建筑技术理念仍然值得我们借鉴和学习。

#### 7.1.3.1    建筑结构技术

在游泳馆结构选型上，我们选择了钢管桁架结构作为建筑主体结构形式，主要考虑以下几点：1. 我国是世界第一钢产量大国，选材方便；2. 钢结构特别适合大跨度、大空间建筑，在大型机场、体育场馆、会展建筑等需要大跨度空间的建筑上钢结构具有无可比拟的优势；3. 采用钢结构可为施工提供较大的空间和较为宽敞的施工作业面，便于施工，钢结构柱的吊装、钢框架的安装、组合楼盖的施工等，可以实施平行立体交叉作业，施工速度快；4. 钢材的回收十分容易，并能将建筑废渣快速分类，铁是对水、空气和石油没有任何有害影响的天然元素，将铁和钢制品作为垃圾填埋分解成氧化物，不会对环境产生有害影响。同时，钢结构很好地体现了我们这个时代的建筑结构技术发展水平。

游泳跳水馆用钢管桁架结构，核心构件是16道兼有结构与空间造型的双重作用的钢管立体桁架拱，犹如16条巨大的叶脉支撑起游泳跳水馆长240米，宽114米，高达30米的巨大空间，最大限度地表现出结构的力度感和空间的开敞性的和谐统一，由此产生出极具震撼力的空间，体现出我们对结构的理解和对结构技术的艺术表现的执着追求，将建筑的文化内涵、使用功能和结构形式巧妙地结合起来。（图7-12）

#### 7.1.3.2    建筑节材技术

建筑不仅消耗大量的自然资源和能源，而且在拆除、装修、改造、新建中还产生大量的建筑垃圾。因此，建筑节材是发展绿色建筑的重要一环，是材料资源合理利用的重要手段，建筑节材可以从两个方面理解：一是采用可回收重复利用的绿色建筑材料（Reuse），二是减少建设过程中的各种消耗（Reduce）。

图7-12　广西体育中心游泳跳水馆比赛大厅

1. 大量运用可回收利用建材

对资源管理的日益增长的可持续发展的需求，使我们对建筑环境进行回收利用变得越来越重要。游泳跳水馆从内部结构到外围护结构大量采用了钢、铝合金等金属材料，金属属于环保型建材，可以重复利用，减少矿产资源的开采。钢材具有磁性，回收十分容易，并能将建筑废渣快速分类，将铁和钢制品作为垃圾填埋分解成氧化物，不会对环境产生有害影响。（图7-13）

2. 减少建设消耗

钢结构自重轻，可以减少运输和吊装费用；钢结构及金属幕墙构件可在工厂里制造、加工，精度高，在工地只需安装就位，用工省；与钢筋混凝土结构相比，钢结构工程可以缩短施工工期，节约时间。

在设计中，我们吸取了之前广西体育中心主体育场设计中建筑、室内设计脱节，导致在施工过程中损耗增加，周期过长的教训，建筑及室内采用一体化设计，大部分空间建筑完成面即为最终完成效果，无须二次装修，以减少建材浪费，缩短工期。

### 7.1.3.3　可再生能源利用技术

在广西体育中心游泳跳水馆的建筑节能设计中，除了运用之前所说的自然通风、采光、遮阳等常规被动式节能技术之外，还大量运用主动式节能技术，如可再生能源，是指

图7-13　游泳跳水馆建筑施工

从自然界获取的、可以再生的非矿物能源，主要指风能、太阳能、生物质能、地热能和海洋能等。由于它来自自然，在使用过程中又很少对环境造成二次污染，因此被称之为"绿色能源"。利用可再生能源已成为绿色建筑设计的重要组成部分。

1. 太阳能利用

南宁市属太阳能资源较丰富地区，作为南宁未来的标志性建筑物，为了更好地将建筑与艺术、建筑与高新技术相结合，设计在游泳、跳水馆屋顶的采光顶两侧的金属屋面上安装了2000平方米的太阳能光伏发电装置，峰值发电量可达到120千瓦。使游泳跳水馆成为集节能、环保与高科技为一体的、充满现代气息的体育场馆。

游泳、跳水馆太阳能技术运用的重点在于太阳能板与建筑的一体化设计，原则是把太阳能的利用纳入建筑的总体设计，把建筑、技术和美学融为一体。太阳能板嵌入游泳跳水馆的屋顶，成为屋顶的有机组成部分，相互间有机结合，避免了传统太阳能的结构所造成的对建筑的外观形象的影响。由于游泳跳水馆的屋面并非传统的平屋面而是双曲面异形屋盖，如何安装太阳能板既能保证发电效率又不破坏建筑的形态是设计的难点。

太阳能板的安装必须顺应双曲面屋面的形态、色彩以及屋面的分割线，设计之初我们考察了现有的单晶硅、多晶硅及柔性太阳能电池技术，觉得柔性太阳能电池比较适合我们的场馆，柔性太阳电池又称太阳能薄膜，特点在于薄膜太阳能电池不需要采用玻璃背板和盖板，重量比双层玻璃的太阳能电池片组件轻80%，可产生电压的薄膜厚度仅需数微米，采用pvc背板和ETFE薄膜盖板的柔性电池片甚至可以任意弯曲，安装的时候也不需要特殊的支架，因此非常适合用于游泳馆这样的异形屋顶，实现太阳能与建筑的一体化。然而在设计过程中，由于对薄膜太阳能电池这样的新技术认识不足，有观点认为薄膜太阳能电池的发电效率不如传统的太阳能板，实际上薄膜太阳能电池转换效率一般在10%，最高可以达13%，而传统的多晶硅、多晶硅太阳能板其光电转换效率约12%~15%左右，相差并不明显，但最终业主还是选择了多晶硅太阳能板。在屋顶太阳能板深化设计中，由于多晶硅太阳能板规格单一，难以适应建筑双曲面屋顶表皮，因此最终屋顶的太阳能板无法顺应周边屋面的铝板网格肌理。此外，在太阳能板的外观颜色上，设计要求和周边的阳极氧化铝板色泽接近，但是业主和厂家认为这样会影响发电效率，最终还是采用了深蓝色的多晶硅板，从空中俯视较为明显，不得不说这是游泳馆太阳能设计中的遗憾。（图7-14）

图7-14　游泳、跳水馆屋顶太阳能板（来源：www.baidu.com）

2. 地源热泵

地源热泵是指利用水与地能（地下水、土壤或地表水）进行冷热交换来作为地源热泵的冷热源，冬季把地能中的热量"取"出来，供给室内采暖，此时地能为"热源"；夏季把室内热量取出来，释放到地下水、土壤或地表水中，此时地能为"冷源"。

南宁具有地下水位高、土壤含水量丰富、液相对流传热起重要作用等土壤特性。2011年11月邀请山东建筑大学地源热泵研究所对该工程地埋管场地进行了深层岩土层热物性测试，测试结果表明：埋管区域的平均综合导热系数为2.864W/m℃，平均容积比热为

1.299×106J/m³℃，岩土体平均初始温度22.9℃，数值高，有利于从地下提取热量，在埋管深度比常规约减少50％的情况下，仍获得换热效率明显高于我国北方地区在干性土壤实施工程的效果。

因此，广西体育中心游泳跳水馆采用土壤源热泵系统，作为空调系统的冷、热源。其原理是转移地下土壤中热量或者冷量到所需要的地方，用来做为空调制冷或者采暖。这项技术不破坏地下水资源，不造成空气热污染，不产生任何废气和废弃物，具有零污染的良好品质。夏季能供冷、冬季能供暖，还可以供运动员洗浴热水。

### 7.1.3.4　雨水回收利用及节水技术

水资源紧缺问题已经成为影响我国经济可持续发展的重要制约因素。虽然广西是全国降水量最丰富的省区之一，但节水形势也尤为紧迫。2012年广西的大旱更提醒我们节水迫在眉睫，游泳跳水馆用水量巨大，科技节水、科学用水是游泳跳水馆建筑节水的重要途径。

1. 雨水回收利用

南宁市降水丰沛，年降水量为在1300毫米左右，游泳跳水馆多达11250平方米的屋面就成为雨水回收的绝佳工具。在建筑方案创作时，我们设计了一套雨水收集的系统，游泳馆屋面及周边硬化场地、草地雨水经雨水管系收集至游泳馆周边的地下蓄水池，经简单处理加压后通过独立的浇洒管网供给人工浇洒绿地。每年仅游泳跳水馆屋面收集的雨水便可达到1万多立方米。但是在施工图设计阶段，给排水专业认为设置蓄水池费用较大，可利用场地内的良庆河作为天然的雨水收集池，从河道取水用于灌溉，最终取消了屋顶雨水收集系统。

2. 建筑节水技术

泳池的换水过程将全程采用自动控制技术，以提高净水系统的运行效率，降低净水药

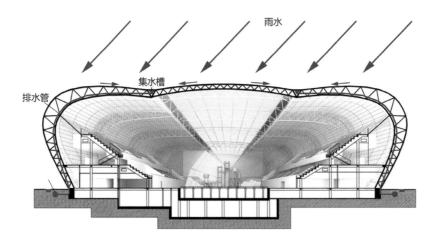

图7-15　雨水收集系统示意图

剂和电力的消耗，节约泳池补水量；蹲便器、小便斗采用脚踏延时阀，坐便器采用≤6升的冲洗水箱，以节约用水。

### 7.1.3.5　数字模拟技术

除了结构技术的运用，还有在前面讲到的遮阳和通风技术体系中，数字模拟技术的运用也起到了很大的作用。以前在广西的建筑创作中，较少运用到数字模拟技术，往往是根据建筑师的主观判断来进行设计，而通过空调通风模拟，建筑物理参数更易于控制，从而掌握建筑的最优建筑形态（图7-16）。另外，通过智能控制技术，建筑可以更好地适应周围气候。

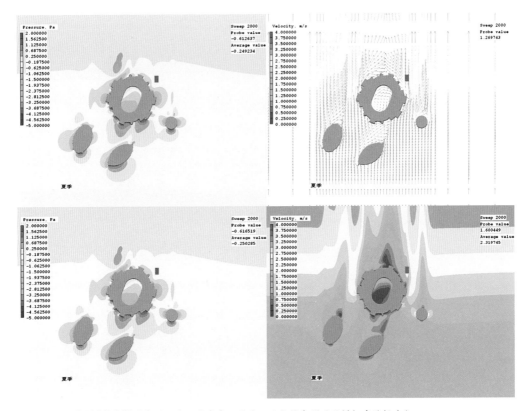

图7-16　夏季风速分布图（来源：广西体育中心游泳、跳水馆空调通风模拟实验报告）

另一方面，像游泳、跳水馆这样复杂的大型公共建筑，在设计中应当采用建筑协同设计（Architecture Cooperative-design System）。建筑协同设计有两个分支方向：一是主要适合普通建筑及住宅的二维CAD协同；二是主要适合于大型公建，复杂结构的三维BIM（Building Information Modeling）协同，建筑信息模型（BIM）是以建筑工程项目的各项相关信息数据作为模型的基础，进行建筑模型的建立，通过数字信息仿真模拟建筑物所具有的真实信息。实现建筑、结构、设备等专业的协同和复杂几何形体的图纸化，但是由于当时对BIM认识以及技术上的不足，游泳、跳水馆设计中建筑、结构、水暖电等专业的协同设计还是二维CAD协同，采用共享文件夹的方式来进行数据集中。这个方式是较初级的协同设计，其优点是操作简单，但是由于只能做到最简单的文件夹级管理，而达不到上下游专业图纸"上游修改，下游图纸自动修改"。所以，在游泳跳水馆这样规模较大技术较复杂的大型工程项目中，因为技术所限，往往会造成不同程度的混乱，使协同设计的效果不能够很好地体现出来，导致游泳跳水馆建筑设计上出现了一些错、漏、碰、缺的情况。

### 7.1.4　设计总结

虽然广西体育中心游泳跳水馆在建筑设计中没有采用任何的"民族元素"和传统的建筑技术或材料，在建筑造型及材料上也许和很多人心目中的"地域性建筑"截然相反，但正如邹德侬先生所说："以现代技术和现代功能为前提，在深入发掘传统精神的基础上，发展出全新的中国建筑，那形象该是什么样，就是什么样"。[1]在广西体育中心游泳、跳水馆的建筑设计中，从雨水收集系统的设计到取消可以看出，我们不一味追求时髦的技术系统，而是以游泳馆的建筑功能为前提，遵循传统地域建筑尊重地形、气候的精神及朴素的设计观，根据项目实际情况选择了高、中、低的技术策略相结合，创造出的广西当代地域性建筑，更多地体现的是一种地域文化的精神而非形式。

## 7.2　广西区政协活动会馆

### 7.2.1　项目概况

广西壮族自治区政协委员活动会馆（以下简称"广西政协委员活动会馆"）项目用地位于南宁五象新区的广西体育中心西侧，北距五象大道约180米，规划总用地面积为10公顷，规划建筑面积约为80000平方米。项目建设内容包括广西政协委员业务楼、会议中心、接待中心和休闲娱乐中心等，建成后将满足政协委员行政办公、参政议政、开展业务、学术研究、交流会友、联谊活动和休闲娱乐等需求，同时兼具会展、餐饮、住宿接待功能（图7-17）。

① 邹德侬. 两次引进外国建筑理论的教训——从"民族形式"到"后现代建筑"[J]. 建筑学报, 1989, 11: 50.

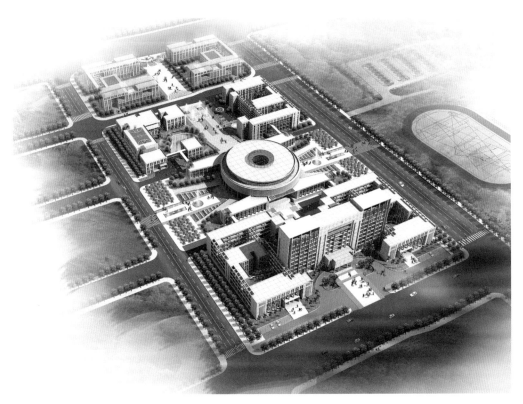

图7-17　广西区政协活动会馆鸟瞰

### 7.2.2　设计原则

广西政协委员活动会馆项目远远超出了建筑单体的概念，是一个多功能、综合性的建筑群体，如何才能鲜明地体现项目的性质特征及如何将如此复杂的功能场馆和谐统一起来是我们重点考虑和解决的设计难点。

因此，在创作过程中所要思考的问题是多元、复合的，不仅仅是从建筑层面出发，更多的是从城市设计的层面进行考虑。通过对区位条件、区域空间、气候条件、道路交通、景观环境、地形地貌和城市规划结构等现状条件的分析，以及对项目本身性质特点的解读，可以得出以下几个原则定位。

#### 7.2.2.1　文化性原则

设计应当展现项目特点，重视文化内涵的挖掘，体现出项目自身及其所在地的地域文化特点。

#### 7.2.2.2　生态性原则

在绿色生态理念深入人心的今天，规划应当充分考虑自然生态，从规划到建筑的各个层面都应当采用生态化的设计手法，体现生态化和可持续发展的规划理念。

### 7.2.2.3　整体性原则

建筑群应当统一在同一种建筑语汇之下，使建筑整体形象得以更鲜明、更有力地体现出来。整体化的原则不仅体现在规划建筑的外在形象上，还要体现建筑群各功能之间的协同关系，从而达到功能共享、资源共享，相互促进，和谐共生。

## 7.2.3　设计构思

根据以上设计原则，广西政协委员活动会馆项目设计着重从形象、文化、生态和空间四个方面着手构建。

### 7.2.3.1　形象的建构

设计重视建筑功能的合理性和经济性，并在此基础上采用象征手法精心推敲建筑的布局及形式的合理性，是本方案设计的指导思想。设计中抽象提炼了中国传统的"同心结"作为设计元素，在整体布局、景观节点、建筑细部等方面融入了这一符号，营造人民政协民主、团结的建筑形象特征。

### 7.2.3.2　文化的建构

建筑是人类基本实践活动的结果，也是人类文化的一个组成部分。"合"文化在我国传统建筑形式中有着充分的体现，四面围合的空间模式是中国建筑组群构造的重要方式，大到古城，小到民居，都以围合的形式出现。在以房屋围合的形制中，装载着中国人的思想观念和审美情趣。在这种内向封闭而又温馨舒适的院落空间里，吸引人的是隐藏在建筑形式后面的人文精神。围合，不仅仅指的是物理的保护，更提供了一个建立人与人之间关系的场所。同时，围合形成的空间也给人们带来了安全感与归宿感。在中国的传统认识中，围合空间是有生命的。该方案在大空间上采用围合组团，每个组团空间都与绿化景观互相结合，构成围合空间中的绿化庭院，体现了传统建筑文化的精神魅力。

### 7.2.3.3　生态的建构

古人"天人合一"的思想，在建筑中体现为建筑与自然的相近、相融，因此，与自然相结合也是在设计中需要重点考虑的方面。顺应自然地形高差，逐级抬高布置建筑，充分利用地形高差建设半地下停车场，既顺应了地形，又减少土方开挖。考虑到本地气候条件，建筑朝向多以南北向布置，庭院绿化、屋顶绿化及连廊设计引入穿堂风等设计手法，以生态求节能，体现出建筑与环境的自然协调。

### 7.2.3.4　空间的建构

"和谐"永远是设计的灵魂，包括建筑自身各个组成部分的统一和谐和建筑与周边城市空间环境的和谐。如何构建和谐的空间关系，是建筑设计中必须考虑的重要因素。在建筑与城市的空间关系上，规划确立了两条轴线作为总体架构：南北向的轴线垂直于邕江，遥指青山塔，将建筑与青山秀水串联起来；东西向的轴线将东面的广西体育中心与西面的城市开放绿地联系成完整的序列，这两条轴线的明确体现将建筑更有机地融入城市空间中。同时，建筑自身各个组成部分也形成一个和谐统一的艺术整体，创造了一个和谐的建筑空间。我们将以上四个方面的理念提炼成为本规划的创作主题，即"同心合意，自然和谐"（图7-18）。

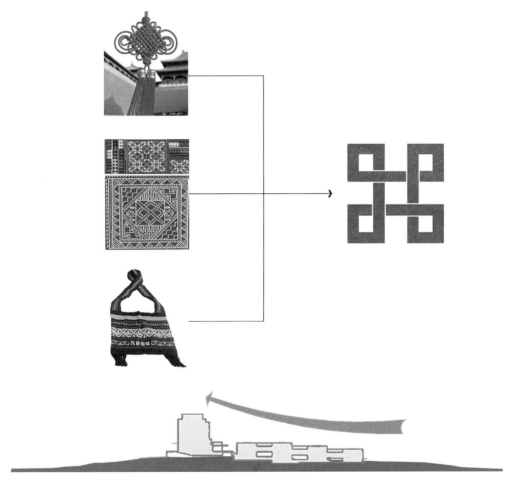

图7-18　设计理念

### 7.2.4　规划布局

广西政协委员活动会馆的功能包含办公、会议、活动、住宿、餐饮等方面，功能构成较为复杂。这种多功能的复合、集聚必然产生功能使用性质（如公共性、私密性），空间特征（如动态、静态）等因素的差别和矛盾，增加了空间组织、交通组织、功能组织等各设计方面的复杂性。在规划布局构思的过程中，设计曾考虑过集中式、分散式等不同的布局组合方案。

集中式——将不同功能建筑集中组建，其优点是占地面积小、交通路线短，各部分联系紧密。缺点是建筑内部流线复杂、管理不便，不同功能区块间易产生干扰。

分散式——将业务楼、会议中心及活动会馆各布局于单独的建筑物内，不同的功能区域可很好地划分，便于管理和使用，避免干扰，但也有占地面积大、空间联系不紧凑等缺点。

经过对不同组合方案的比较，从本项目的特点考虑，分散式布局更容易达到对项目的设计构想：1. 分散式布局可以形成多个围合组团，有利于形成各自的围合休闲空间，符合设计构建建筑文化的设想；2. 分散式布局与集中式平面布局相比，在自然通风和形成阴凉环境方面，是岭南地区最佳的形式，更符合设计对自然生态的设计构想；3. 分散式布局完全满足了办公、会议与度假休闲功能的动静分区要求，便于管理和使用；4. 分散式布局易于分期建设。

基于以上几点考虑，总平面规划最终采用分散式布局的形式，将项目的建筑功能归纳为四大类，并分别布置在四大功能分区中（图7-19）：1. 以日常办公功能为主的业务办公区；2. 以议政、学术研究、交流、会展等功能为主的会议中心区；3. 以举行联谊活动、休闲娱乐等功能为主的休闲活动区；4. 以住宿接待、餐饮等功能为主的餐饮、住宿接待区。

为尽量避免分散式的布局空间联系不紧凑的缺点，在设计中还充分考虑了使组群建筑内各种功能互相发生关联而形成的一个有机整体，办公、会议、活动、住宿等功能子系统以多个体块建筑方式出现。根据使用功能的不同特点，由北向南依次布置休闲活动、接待、会议、办公体块。会议中心位于中央，便于办公楼与会馆的共享，最大限度地发挥其作用。各功能之间均由连廊联系成为紧密的整体，使各功能的协调和使用便利，并使之综合效益最大化。

## 7.2.5　景观规划

考虑到项目用地南高北低的地形走势，让建筑由北向南逐级抬高，形成一种台地建筑步步抬升的丰富建筑层次，恰如其分地体现出行政办公建筑庄重的特征。

根据规划布局形成两条景观轴（图7-20）。第一条景观轴是贯穿用地南北的中央景观轴，通过这条景观轴将各个不同的功能组团建筑串联起来，中轴两侧是对称的庭院绿化，中轴景观带体现一种西式园林的严谨和大气，而庭院绿化则体现出中式园林的活泼与精致。

第二条景观轴是以会议中心为核心，通过会议中心两侧的入口景观广场为端点形成的横贯东西的景观轴，通过这条景观轴，将用地西侧的城市公园和东面的广西体育中心呼应起来，成为城市肌理的有机联系纽带。

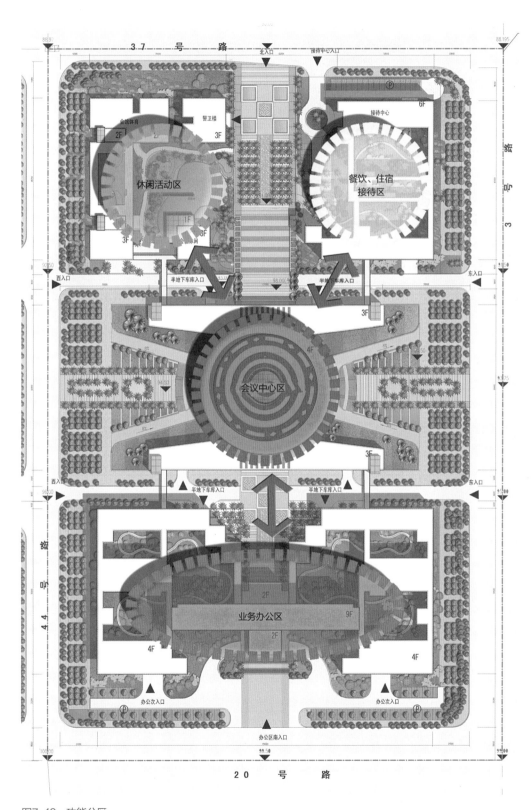

图7-19　功能分区

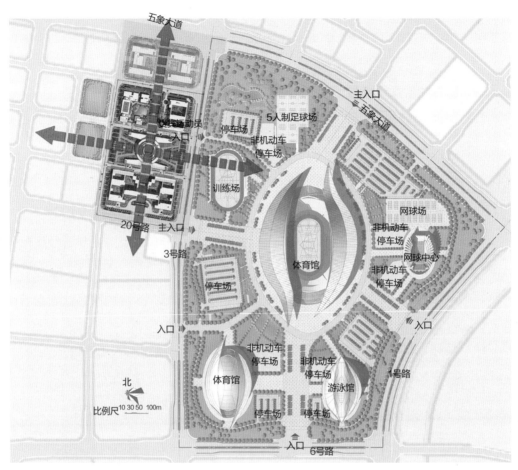

图7-20 景观轴线

## 7.2.6 交通规划

### 7.2.6.1 出入口

在中轴南、北两端各设一个出入口，南入口为业务办公区出入口，北入口为会馆接待和休闲区入口。东西两侧的入口广场则主要起到前来开会的人流和机动车集散作用。

### 7.2.6.2 停车位

机动车停放方式采用地面和半地下两种方式，其中会议中心和业务楼下利用高差布置半地下停车场，业务楼南面布置地上停车场，机动车辆分区停放，业务楼前的地上停车场主要供前来办理业务的车辆临时停放；业务楼下的半地下停车场主要供内部工作人员停放车辆；前来参加会议、休闲、娱乐的车辆停放在会议中心的半地下停车场。停车分区明确，便于管理。（图7-21）

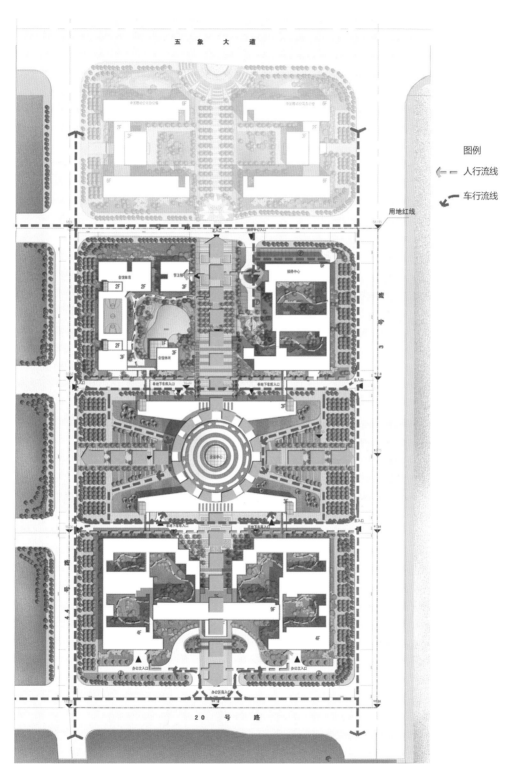

图7-21　交通规划

### 7.2.7    建筑单体

#### 7.2.7.1    业务楼

业务楼坐落在中央景观轴的南端，背北面南，正对未来广西体育中心的迎宾大道，通过中央景观轴的视线通廊与北面的青山塔遥遥相望。业务楼由一座主楼和两座副楼组成。主楼高9层，南北通透，北面为外走廊，南面为办公室。副楼高4层，为院落式建筑，四面围合，南北面为办公室，东西面与通透的连廊相连接，中央为绿化庭院，营造出安静优美的办公环境。在立面设计上着重突出办公建筑的庄严雄伟和广西的地域特色，立面设计简洁、庄重、大方、得体。通过大柱廊、大台阶及立面细部壮锦图案的重构、整合，建筑空间的交错、渗透，以及立面石材肌理的对比、变化，创造出一个具有浓郁民族特色和时代精神、体现政协庄严雄伟的办公建筑形象。（图7-22）

图7-22  业务楼

#### 7.2.7.2    会议中心

会议中心采用圆形平面，寓意广西特色的铜鼓，但不是具象地表达，而是运用同心圆的平面构图呼应了政协的同心协力精神。建筑展开在高台之上，在东西两侧根据建筑体型的自然围合形成两大入口广场。从广场拾阶而上，到达主体外部的环行柱廊空间。环行柱廊与两侧建筑外墙列柱形成统一协调的立面格调。柱廊作为建筑内外的过渡空间，完成了形式和功能的完美统一，同时也成为造型的主题。（图7-23）

#### 7.2.7.3    接待中心

接待中心采用庭院式的建筑平面布局，1层和2层布置接待中心大厅、中西餐厅、咖啡厅及厨房，3层至6层为客房。接待中心与业务楼的立面形式相统一，用廊道联系分散布局的各个建筑单体，形成两个内庭院。建筑体块虚实交错，富于变化。

图7-23　会议中心

### 7.2.7.4　休闲活动中心

休闲活动中心及警卫用房靠近北侧、西侧和南侧道路进行布置。设计将这两部分作为一个建筑群体处理。半围合的格局自然形成了一个朝向建筑群主要景观轴的大尺度的内部庭院，建筑造型设计采用体块交错构成方法。实墙与幕墙的交接、错位和穿插，使得建筑造型呈现一种活泼的现代气息。建筑内部采用长廊连接各功能房间，同时在2层设有与会议中心相连的廊道。立体的交通组织使得各区能够达到人流互不干扰。

### 7.2.8　设计总结

随着社会的不断发展，规模庞大、功能复合的群体建筑层出不穷，多功能综合性建筑群体设计已超出传统的建筑单体设计概念，更像一种基于整体观的城市设计。这是一个比较独特、富有创造性的设计工作，要求在设计过程中既具有城市规划师那样的整体观，又要具备与建筑师同样的空间感悟能力，还应当加强景观、开发等相关知识的积累。原本建筑师希望通过与周边城市呼应的空间格局、灵活的庭院式布局、顺应地形的台地设计以及简洁轻盈的建筑组合，塑造一个具有南方特点的新型行政办公建筑群，但在后续的深化设计中，由于业主的要求，为体现"民族形式"及行政办公建筑的威严，所有建筑都加上了厚重的"大屋顶"，令人遗憾。

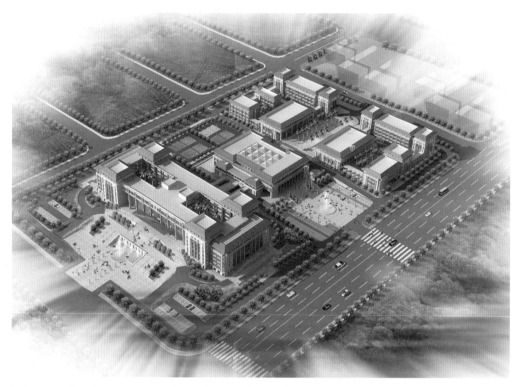

图7-24 最终实施方案［来源：华蓝设计（集团）有限公司］

图7-25 最终实施立面效果图［来源：华蓝设计（集团）有限公司］

## 7.3　"北海扬帆"酒店建筑设计

随着生活水平的提高，当代旅游模式正从以观光为主逐步向休闲、度假型旅游转变，人们对更自然、更生态的度假环境的追求，促使"水"与"绿"的有机结合成为新的复合性旅游主题。在此背景下，广西北海市拟在世界著名的"天下第一滩"——北海银滩国家旅游度假区海岸线上建立一座独具特色、风格、品牌、魅力的全新概念的五星级复合型度假酒店，成为北海市旅游黄金线中具有提供系统性服务能力的基础设施，为银滩的旅游事业增添新的亮点，并以此彰显北海市"昂首阔步、开拓进取、扬帆远航"的豪情壮志。

酒店作为一种度假产品，从本质上看具有较高的同质性，因此在同质中挖掘异质是塑造度假酒店特色魅力的核心问题。当今各滨海度假区均以"3S"（即：阳光sun、沙滩sand、海水sea）作为核心资源，如何能在同类酒店中脱颖而出，营造出具有北海地域特色的世界一流度假酒店，成为我们创作中首要考虑的问题。

作为滨海度假酒店，我们在创作中突出了建设、经营、管理、服务等各个方面需求的有机整合，力求把地域文化、环境与历史有机地结合在一起，与现代设计理念寻求完美地融合，着重体现了以下几方面的构想。

### 7.3.1　突显文化

滨海度假酒店要树立自己的文化主题，突出异质性。目前，很多度假酒店在开发中单方面强调一些自然性的主题，忽略了与之并重的文化性主题，从而影响了良好品牌效应的形成。树立起独特的文化性主题，并在这个过程中形成自己的品牌，对于度假酒店的开发来说是一个必备因素。

"北海扬帆"，在于形，更在于意。挖掘北海城市文脉，彰显北海乘风破浪、扬帆远航之深刻寓意，是我们塑造"北海扬帆"这一城市标志性建筑的原动力。因此"明珠璀璨、扬帆远航"这一高度概括之寓意表现，成为我们方案创作的起点。

酒店主楼在平面构成上颇具动感，取意于"玉蚌含珠"；副楼半含珠体，悠然至极，片片珠贝的错动确保了所有房间的全方位海景。各建筑单体色彩清新淡雅，饱满和谐的曲面形体象征强风鼓满的风帆；主楼与副楼高低有致、错落生辉，形成帆影；整个建筑群中重复出现的帆影，片片动态、层层叠叠；高科技的遮阳隔片形成帆之筋骨，生动有力；弧形的阳台，上斜的曲线，使整个酒店充满了时代的律动和飞扬的情思。整个建筑群体犹如一支舰队，航行在海天之间，与碧海、蓝天高度和谐，浑然一体。（图7-26~图7-28）

图7-26 北海扬帆酒店滨海透视图

图7-27 北海扬帆酒店沿路透视图

图7-28 北海扬帆酒店夜景

### 7.3.2　融入自然

随着社会的发展、生活节奏的加快，越来越多的现代都市人梦想回归自然，而度假酒店正是为了实现这一梦想才应运而生。可以说，从诞生时起，度假酒店就打上了自然生态的标签。因此，度假酒店多建在景色优美的自然风景区附近，讲究建筑与自然的和谐，营造回归自然的氛围，令居住者产生一种返璞归真的愉悦心情，达到与紧张工作生活的短暂隔离、和自然风光的亲密接触，实现人与自然、建筑的完美结合。要实现这样的目标，就应最大限度地利用和发挥酒店周边自然环境的资源优势。

北海银滩自然条件得天独厚，建筑只有充分利用和延续周边的环境、历史文化文脉，通过整合使周边地区共同发展，才可以形成区域内系统、完善的旅游服务平台，满足不同消费者的需求，同时可以促进周边地区经济发展。

在方案中，阳光、沙滩、大海、空气、绿色以及它们所形成的风景都成为设计思考的重点，营造一个人与自然高度融合，清新优雅、返璞归真的滨海休闲度假环境，是我们创作中所孜孜不倦的追求。

高低错落的楼群、级级退进的花园平台、层叠而宽阔的阳台以及立面隔栅的片片帆影，都与海天山水、花木雕塑巧妙掩映，创造出一种既传统又新颖、既开放又有序、既赏心悦目又独树一帜的现代滨海度假文化。景观设计以水为主线，通过"绿"与"水"多层次的交融，开创出一系列生机勃勃的外部活动空间。大量绿色植被突出了北海南国滨城之美，又巧妙糅合了开放空间的实用性设计，各种户外休闲娱乐设施穿插其中，营建出一个立体式的休闲娱乐架构。

酒店大堂采用开放式设计，迎着海风，形成自然的景观风廊，令人舒心惬意。酒店内每间客房都面朝蔚蓝的大海，客人可通过全海景式落地窗和独立的宽阔阳台，平台远眺，碧海风帆尽收眼底；临床小憩，亦可欣赏开阔的海景椰风。

### 7.3.3　建筑理念

滨海度假酒店设计的核心理念是以人为本，它不仅仅是对建筑本身的设计，更是对度假旅游行为的设计。所以，研究度假者的需求和活动，成为设计中空间与流线组织的主线。以生态、休闲、娱乐、保健、康体为主题，以放松为目的、停留时间更长、消费更多为特点的现代休闲度假旅游，使得在酒店中必须设置更多的休闲娱乐服务设施，为游客提供更多样化的服务。

酒店南侧的公共区域与泳池、水景相连接，水中排球、水上吧、躺椅、步道、休息廊等各种户外休闲娱乐设施穿插其中，形成多个露天宴会、表演、娱乐及休息的空间，其中扬帆广场上的歌舞，更为酒店营造出一种节日的氛围。另外，酒店中配备的各种形式的休闲、娱乐、康复设施，更为度假中的人们送上异乎寻常的关怀。

置身于广阔的天穹，眼前无际的海景和如瀑布般倾泻的浓浓绿意，扑面而来清凉的海风和空气中弥漫的缕缕花香，使游客沉浸于舒适与宁静之中，融入大海万千风情的怀抱，一切都是那样的恬静而美好。

### 7.3.4  建筑布局

"北海扬帆"酒店作为一个与国际接轨的度假酒店，将打造一个全新的滨海度假酒店概念，方案设计注重合理的功能构成与顺畅的流线组织，充分地利用自然资源，诠释了"北海扬帆"酒店的特定功能内涵，并贯穿于整个方案设计的始终。

目前，银滩周边滨海度假酒店布局依次是海水、沙滩、滨海大道、建筑、绿化带，但效果却不尽人意。而"北海扬帆"酒店采用的布局依次是海水、沙滩、建筑、建筑、绿化带、道路以及其后的一个渔村。这种布局模式有以下几个优点：一是银滩虽然是开放的，但由于酒店建在海湾一线，无形中感觉到沙滩成为酒店的一个设施，使酒店的滨海度假特色能充分体现，可极大提高酒店的档次和知名度；二是酒店和沙滩之间无道路分隔，能使酒店建设景观与海景相互借景，形成协调的滨海度假景观，如果道路从酒店和银滩之间经过，容易给人酒店景观与海景相互分离的感受；三是道路后移，使过境游客和居民不进入酒店区，又避免了机动车对游客的干扰，可让酒店区保持一定的宁静和私密性，使住店的游客能轻松安静的度假休闲；四是这样的格局提高了酒店的档次和知名度高，使酒店价格提高，游客度假时间长，旅游收入也十分可观，而且极大提高了北海银滩的旅游度假精品效益。（图7-29）

在优化布局模式的基础上，作为度假区的核心设施，"北海扬帆"酒店规划有一栋五星级的中心酒店和三栋产权式酒店公寓，以对应各个层面的客人，形成复合型的体系。

建筑布局呈一字排开，与基地形状相吻合，并充分利用周边自然环境及景观资源，各建筑全部面向大海，所有客房都能欣赏到美丽的海景，从而最大限度地发挥滨海建筑的价值。用地内机动车交通集中于北侧，步行休闲活动区集中于南侧，面海方向，各功能分区明确、流线顺畅。在各建筑单体内，通过平面及剖面对各种功能区加以组织，使得各交通流线简洁明了，顺畅便捷。

针对度假酒店以接待度假休闲游客为主的特点，方案在功能上配套完善，为度假休闲游客提供多种服务，其中突出了各种类型的餐饮、休闲娱乐功能，强调个性化服务。

配套中会议设施完备充足，拥有3间小会议室，2间中会议室，另有面积为600平方米、可同时容纳600人的宴会厅，满足各类会议要求。

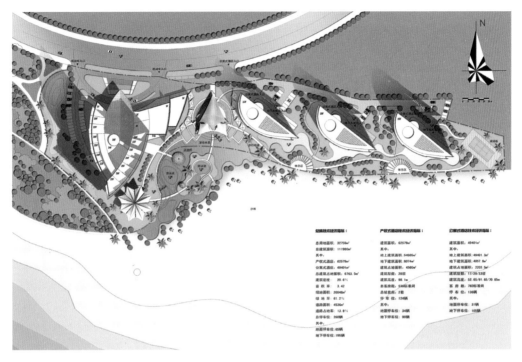

图7-29　酒店平面布局

### 7.3.5　生态节能

　　随着人们环保节能意识的增强，建筑的生态节能也显得日益重要，尤其是坐落在自然风景区之中的度假酒店建筑，更应注重可持续发展的生态建筑设计。从室外的环境到室内的布局，甚至材料设备的选择，都应该体现生态、节能、环保的理念，构造全方位的绿色生态空间。另一方面，建筑不仅是人工与自然的统一，也是技术与艺术的统一，缺少艺术的建筑是乏味的，而缺少技术支持的建筑是空洞的。因此，在北海"扬帆酒店"的建筑设计中，绿色节能、生态环保的高科技含量内容在方案中得到了充分的考虑。方案通过立面隔栅系统及采光通风中庭等手段组织自然通风、自然采光及遮阳体系，从而极大地提高了"扬帆酒店"的使用品质及舒适度，同时也使建筑在技术的支持下更具人性化和智能化。（图7-30）

## 7.4　南宁市恒大苹果园

　　南宁，简称"邕"，古称"邕州"，是广西壮族自治区首府。南宁市地形是以邕江河谷为中心的盆地形态。这个盆地向东开口，南、北、西三面均为山地围绕，随着南宁城市的发展，日益增长的人口与土地之间的矛盾越来越突出，城市由盆地中央向外扩展，在山地

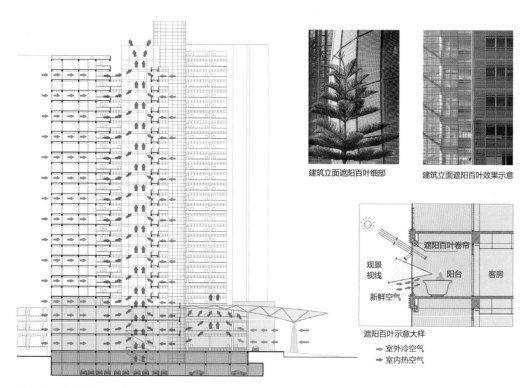

建筑立面遮阳百叶细部    建筑立面遮阳百叶效果示意

遮阳百叶示意大样
➡ 室外冷空气
➡ 室内热空气

图7-30　自然通风示意图

丘陵进行开发建设是开拓生存空间的需要。由于山地丘陵的地形、地质和自然气候条件的影响，山地丘陵居住区的规划方法应当有别于平原地区，广西传统的山地村落通过与地形的巧妙结合形成了很强的地域特征。但在当今技术高度发展的今天，在南宁的山地丘陵工程实践中，存在随意对原有山地环境进行破坏等问题，城市地域特色逐渐消失。因此，在南宁市恒大苹果园修建性详细规划中，我们希望探索一条山地居住区的规划之路，塑造广西当代山地居住形态。

### 7.4.1　项目概况

　　南宁市恒大苹果园居住区位于南宁市快速环道以东的凤岭新区，南临南宁青秀山风景区，距高速公路入口收费站约600米，距南宁市中心区约10公里，项目总用地面积约1100亩，总建筑面积约160万平方米。(图7-31)

### 7.4.2　用地分析

　　建设用地处南宁盆地地貌区，属丘陵地貌，地势起伏较大，地形复杂多变，绝对高程最高点130米，最低点80米，高差点达50米。地形坡度一般为15~20°，局部山体坡

度较大，最大达30°，且坡面不完整。根据地形地貌以及工程地质特征可将场地划分为
三类地质区：残坡积土覆盖较厚斜坡区、水体稻田覆盖低洼区以及残坡积土覆盖较薄斜
坡区。（图7-32）

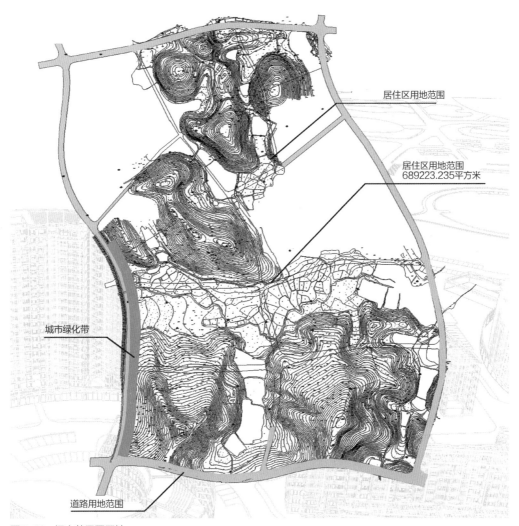

图7-31　恒大苹果园用地

图7-32　场地原始地貌

### 7.4.3　规划理念

基于对基地地形的认识和尊重，本规划在充分调查基地现状和历史的基础上，充分尊重"绿色母体"，尽量保留现有植被和水系，确立了结合地形亲近自然的人居理念，在丘陵、山谷综合交错之中创造一个与当地自然景观相得益彰的、具有现代化生活品质的居住社区，充分发挥自然和谐性，让居民感受到青山绿水、山水交融的意境。

### 7.4.4　规划布局

用地内的三座山丘，依山就势规划为三个山地住宅组团，环形道路网绕山而升，将居住建筑统率在一个个"苹果"中。在三个山地组团的边界，充分利用山谷低洼较平缓的用地布置两条大型商业带，即极具浓郁民族风情的东方文化街和富有现代气息的西方商业街，两条商业文化街步行街分别以居住区西侧和南侧的入口广场为起点，横向和纵向穿越三个组团之间的峡谷向内部延伸并交汇于整个苹果园的核心，并将商业开放空间与中心绿地形成交接、延续，可以较好地为居住区内的各个组团的居民服务。此外，沿用地内的水系——汇春湖布置学校、运动设施及小体量住宅，让建筑与自然环境达到充分地融合。"三山、两街、两广场"构成了苹果园规划的灵魂。（图7-33）

### 7.4.5　景观规划

恒大苹果园的景观规划为点、线、面三个层次（图7-34）。

#### 7.4.5.1　点

即各山地组团建筑围合而成的景观节点，是各组团居民聚会、休闲、活动的中心场所，以绿化、小品、水体等多样化的景观手法积极创造宜人的小环境。

#### 7.4.5.2　线

即用地内的线性景观轴，整个苹果园小区的线性景观轴可分为山景轴线、水景轴线和人文轴线。

山景轴线：各组团的山顶点遥相呼应，形成多条山与山、组团与组团之间的景观轴线。利用不同种类的植物营造出不同的轴线景观，并利用多样化的建筑形式，创造出景观轴上的视觉通廊。

水景轴线：原有的自然特征形成了校区内独特的狭长水体——汇春湖，是各组团的视觉焦点，也是整个区域的景观视觉走廊，以水体作为小区内东西向的一条蓝色景观轴。整体上突出营造疏林草坡的滨水景观，配以南宁的适宜植物，营造具有南方特色的山水相依、自然和谐的景观。

人文轴线：东方街、西方街是小区内两条各具特色的景观商业步行街，东方街着重突出广西少数民族传统文化，西方街则体现现代风情，传统与现代、东方与西方交相辉映，共同构成苹果园校区丰富多彩的人文景观轴线。

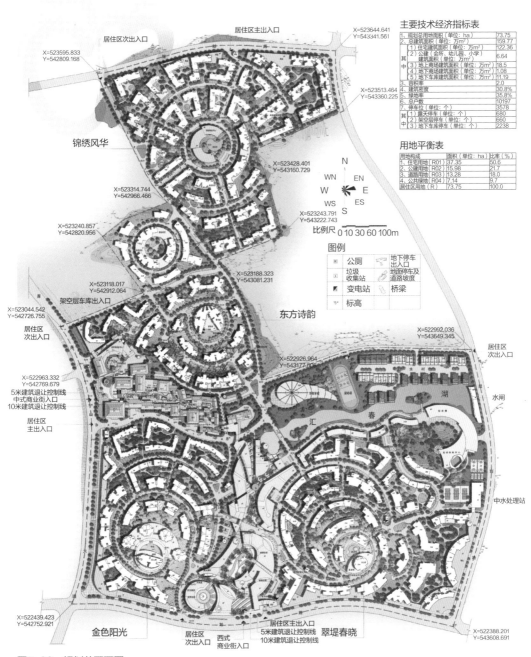

图7-33　规划总平面图

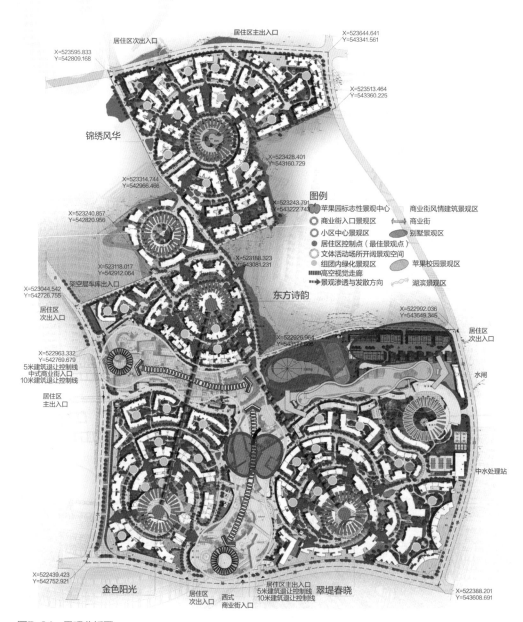

图7-34　景观分析图

### 7.4.5.3　面

　　小区内丘陵连绵起伏、轮廓清晰、层次分明，构成苹果园优美的背景环境。用地内的现状绿化尽可能保留，形成总体的面景观。同时，拟将现状大片桉树、马尾松林及部分果林逐步改造为具有广西亚热带特色的雨林景观。既保持了自然山林的形态，又改善了局部小气候。

点、线、面景观之间相互依托，共同构成了具有南宁地域特色的苹果园整体景观（图7-35）。

### 7.4.6　建筑单体

#### 7.4.6.1　结合地形的处理

苹果园住宅包括低层、多层和高层几类，单体设计充分体现山地建筑的特色，或平行或垂直于等高线排布，从建筑、山体、等高线、道路、绿化等方面综合考虑，创造理想的人居空间。（图7-36）

在建筑单体与地形的结合上，主要运用以下几种处理手法：

1. 提高勒脚法：适用于缓坡、中坡坡地，建筑垂直于等高线布置在小于8%的坡地上，或平行于等高线不至于坡度小于15%的坡地上；

2. 筑台法：适用于平坡、缓坡，可使建筑物垂直等高线布置在坡度小于10%的坡地上，或平行等高线不至于坡度小于12%~20%的坡地上；

3. 跌落法：建筑物垂直于等高线布置时，以建筑的单元或开间为单位，顺坡式处理成分段的台阶式布置形式，以解决土方工程量，跌落高差和跌落间距可随地形不同进行调整，可适宜于4%~8%的地形；

图7-35　恒大苹果园

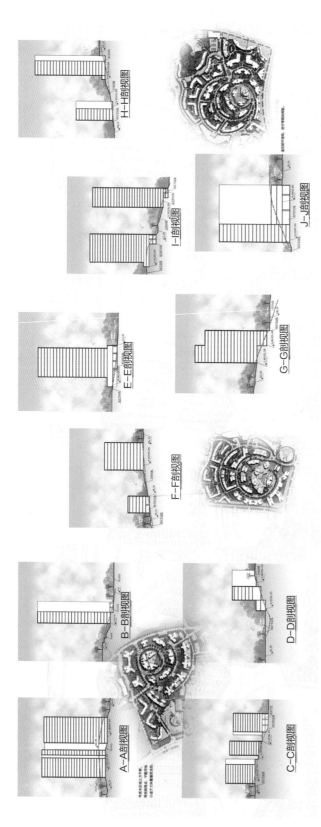

H–H剖视图

J–J剖视图

I–I剖视图

E–E剖视图

G–G剖视图

F–F剖视图

B–B剖视图

D–D剖视图

A–A剖视图

C–C剖视图

图7–36　各组团建筑剖面示意图

4. 错层法：将建筑相同层设计成不同标高，利用双跑楼梯平台使建筑沿纵轴线错开半层高度，可垂直等高线布置在12%~18%的坡地上，或平行等高线不至于坡度为15%~25%的坡地上；

5. 掉层法：将建筑物的基地作为台阶状，使台阶高差等于一层或数层的层高，沿等高线分层组织道路时，两条不同高差的道路之间的建筑可用掉层法。可垂直于等高线布置在坡度为20%~35%的坡地上，或平行等高线不至于坡度为45%~65%的坡度上；

6. 分层入口法：利用地形的高低变化，为方便并满足建筑的不同使用功能，分别在不同层数的高速上设置出入口，适用于陡坡、急坡地形。

将以上多种方法，结合苹果园实际地形灵活设计，产生出具有山地特点的居住区空间形态。

### 7.4.6.2　地域文化的营造

东方文化街的设计融入广西民居、岭南建筑等地域建筑风格，并有各种不同的户外空地和庭院，建筑延续整体设计风格，巧妙组合各种建筑符号，用建筑的语言，绵绵悠远地向我们传达历史的、文化的深沉底蕴。采用圆、曲、折的表现手法将古塔、拱桥、流水贯穿在一起；休闲空间点缀南宁当地特有的植物，充分体现当地风物人情。主要庭院通过一座风雨桥与河道相连，沿河道的边缘建有三层楼的亭阁，为游客提供休闲场所。这里不

图7-37　恒大苹果园鸟瞰图

仅仅是东方建筑的综合群，更是中国传统文明的延伸地，引进中国传统饮食文化、街市文化、茶文化、水文化、民风民俗文化……古朴的建筑与东方特有的人文气息相得益彰，充分体现当地及东方的文化及民俗。整条街形成民俗采风、购物、旅游、休闲等多功能于一体的极具特色的东方文化街。

西方商业街的设计则采用现代风格，相对独立，整体统一，采用虚、实、藏、镂等设计手法，体现简约而又丰富的建筑形象，辅以热带植物、叠水瀑布、公共艺术、广场铺装等景观元素，给人以自然、宁静 、艺术的购物享受。商业步行街穿插于水边，临水面设置部分咖啡休闲吧，为游客购物之余提供消遣的场所。

## 7.5 本章小结

研究必须理论联系实际，华南理工大学建筑学院的肖毅强教授认为"工程设计本身也是研究，我们需要在项目中重新理解设计"。在本章中，总结和分析了笔者参与的广西体育中心游泳跳水馆等一些广西当代地域性建筑创作的实践。在这些项目中，我们立足于当地的地理和气候环境，满足人的物质和精神文化需求，采用切实可行的技术手段去进行建筑创作，虽然这些设计仍存在诸多的问题，但总体上体现了我们对建筑地域性的理解。通过这些广西当代的建筑创作去总结设计经验和教训，希望能为广西当代地域性建筑创作提供有益的借鉴。

结 语

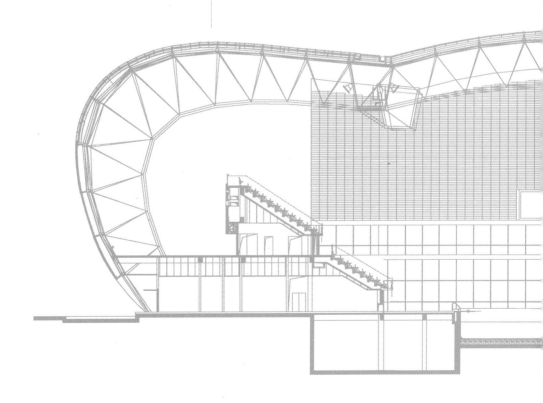

广西具有悠久的历史、多彩的民族文化、独特的地形地貌、鲜明的气候特征以及优秀的地域传统建筑，这些都为广西地域性建筑的形成提供了得天独厚的条件。然而令人遗憾的是，由于长期在社会经济发展上的落后以及其他多种的原因，广西的当代地域性建筑创作及理论研究目前在国内处于相对落后的水平。回顾新中国成立以来广西当代地域性建筑的发展历程，虽然不乏如广西体育馆、南宁剧场、广西博物馆、桂林伏波楼、芦笛岩、七星岩景区建筑、桂湖饭店、南宁国际会展中心等优秀的地域性作品出现，但就整体而言，广西当代地域性建筑的创作还有待更深层次的探索与实践。

当前广西在地域性建筑创作上努力追赶国内先进水平，但仍存在着诸多的问题。主要是建筑创作观念上的局限和误区，如将民族性、传统性等同于地域性，缺乏对地形地貌的尊重，缺乏对气候和节能的关注，缺乏技术观念和技术创新等。通过总结当前广西建筑创作中存在的问题，分析出存在这些问题的根源在于对地域性建筑的内涵缺乏系统整体的理解，建筑的地域性是一个复合的概念，其中包含了对地域自然环境的适应和融合，对地域文脉的延续和升华，以及对地域时代特征的表达，三者是相辅相成，不可分割的关系。因此，广西当代的地域性建筑创作需要借鉴国内外成功的地域性建筑实践。尤其是广西地处岭南，应当学习当代岭南建筑学派不拘泥于传统形式的创新意识、批判意识，以"两观三性"的建筑创作理论为指导，结合广西具体的地理气候、人文文化以及适宜技术，寻求多样性的解决方式。

本书结合大量案例分别从自然环境、人文环境和适宜技术的角度研究，并总结了笔者参与的广西当代建筑创作中的经验和教训，探讨了广西当代地域性建筑创作的技术方法和方法论。通过案例分析可以看到，广西当代地域性建筑并没有一种统一的风格或模式，其形式是多元化的。这也印证了批判性地域主义并非特指一种建筑风格或形式，而是一种创作的原则和态度。根据不同案例中不同的地域性限制因素，提出不同的建筑创作的方法和技术手段，以期望对广西当前的地域性建筑实践提供直观和可操作的参考与借鉴。

本书作为对广西当代地域性建筑创作进行系统化、理论化的一种尝试，由于笔者学识有限，当中不可避免地存在许多疏漏和谬误，还望专家学者多批评指正，同时希望能够抛砖引玉，引起对于广西当代地域性建筑更深层次研究与探索。

# 参|考|文|献

学术期刊文献

[1]    梁思成. 从"适用、经济、在可能条件下注意美观"谈到传统与革新[J]. 建筑学报, 1959, 06.

[2]    中山医学院基建委员会工程组. 中山医学院教学楼[J]. 建筑学报, 1959, 08.

[3]    广东省建筑科学研究所建筑室. 亚热带建筑的隔热、遮阳和通风[J]. 建筑学报, 1975, 04.

[4]    尚廓. 桂林芦笛岩风景建筑的创作分析[J]. 建筑学报, 1978, 03.

[5]    广西壮族自治区建委综合设计院. 广西民族博物馆[J]. 建筑学报, 1979, 05.

[6]    尚廓. 民居——新建筑创作的重要借鉴[J]. 建筑历史与理论(第一辑), 1980, 06.

[7]    张开济等. 顾孟潮, 白建新整理. 繁荣建筑创作座谈会发言摘登[J]. 建筑学报, 1985, 04.

[8]    艾定增. 神似之路——岭南建筑学派四十年[J]. 建筑学报, 1989, 10.

[9]    邹德侬. 两次引进外国建筑理论的教训——从"民族形式"到"后现代建筑"[J]. 建筑学报, 1989, 11.

[10]   吴良镛. 乡土建筑的现代化, 现代建筑的地区化——在中国新建筑的探索道路上[J]. 华中建筑, 1998, 01.

[11]   国际建协. 北京宪章[J]. 世界建筑, 2000, 01.

[12]   邹德侬. 中国地域性建筑的成就、局限和前瞻[J]. 建筑学报, 2002, 05.

[13]   何镜堂. 建筑创作与建筑师素养[J]. 建筑学报, 2002, 02.

[14]   蒋伯宁, 周叱. 绿城春韵 朱槿花开——南宁国际会展中心建筑设计[J]. 中外建筑, 2005, (6): 14–16.

[15]   何江玮, 谢建华. 南宁国际会展中心设计[J]. 广西城镇建设, 2005, 08.

[16]   袁敬诚, 张伶伶. 地域建筑创作的探索[J]. 建筑学报. 2006, 11.

[17]   谢建华. 从三个新建筑看广西地域性现代建筑实践[J]. 重庆建筑大学学报, 2007, 09.

[18]   黄琦, 吴民凯. 建筑美与结构美的统一——金城大厦设计札记[J]. 广西土木建筑, 2000, 12.

[19]   源计划(建筑)工作室. 南华国际大厦[J]. 城市环境设计, 2011, 09.

[20]   戴路, 王瑾瑾. 新世纪十年中国地域性建筑研究(2000–2009). 建筑学报, 2012, 10.

[21]   何镜堂. 基于"两观三性"的建筑创作理论与实践[J]. 华南理工大学学报, 2012, 10.

[22]   莫海量. 城市的灯塔——金源现代城[J]. 广西城镇建设, 2012, 12.

[23]   非亚. 广西当代建筑创作漫谈[J]. 广西城镇建设, 2013, 08.

[24]   陈飞燕. 南宁机场扩建打造面向东盟航空门户枢纽[J]. 广西城镇建设, 2014, 01.

[25]   张华. 柳州奇石展览馆[J]. 美与时代(城市版), 2015, 03.

学术著作

[1]　《南宁建筑实录》编汇小组. 南宁建筑实录[M]. 南宁: 广西人民出版社, 1986.

[2]　南宁市建筑志编纂委员会. 南宁市建筑志[M]. 南宁: 广西人民出版社. 1997.

[3]　广西壮族自治区建设委员会. 广西当代建筑实录[M]. 南宁: 广西画报社. 1995.

[4]　周家斌. 南宁建筑50年[M]. 南宁: 广西美术出版社. 2008.

[5]　蒋伯宁. 现代建筑的艺术表现[M]. 南宁: 广西科技出版社. 2006.

[6]　吴良镛. 广义建筑学[M]. 北京: 清华大学出版社. 2011.

[7]　亚历山大·楚尼斯, 利亚纳·勒费夫尔. 批判性地域主义——全球化世界中的建筑及其特性[M]. 王丙辰译. 北京: 中国建筑工业出版社, 2007

[8]　Kenneth Franmpton. 现代建筑——一部批判的历史[M]. 张钦楠等译. 北京: 生活·读书·新知三联书店, 2012.

[9]　刘易斯·芒福德. 城市发展史——起源、演变和前景[M]. 倪文彦等译. 北京: 中国建筑工业出版社, 1989.

[10]　祝勇. 提问者祝勇——知识分子访谈录[M]. 广州: 花城出版社, 2004.

[11]　谭健, 谈晓玲. 建筑家夏昌世[M]. 广州: 华南理工大学出版社, 2012.

[12]　胡荣锦. 建筑家林克明[M]. 广州: 华南理工大学出版社, 2012.

学位论文

[1]　陈源林. 广西巴马地域性建筑设计研究[D]. 华中科技大学. 2011.

[2]　刘亚哲. 当代地域性建筑创作方法研究[D]. 天津大学. 2011.

[3]　王建曾. 国内当代地域性建筑实践的现状及评述[D]. 天津大学. 2009.

[4]　王驰. 当代岭南建筑的地域性探索——广州亚运棋院的建筑实践[D]. 华南理工大学. 2010.

[5]　熊伟. 广西传统乡土建筑文化[D]. 华南理工大学. 2012.

# 后 记

在本书完成之际，我要衷心感谢广西艺术学院科研创作处、研究生处、建筑艺术学院对本书写作的大力支持和资助。

感谢华南理工大学建筑学院肖毅强教授、杜宏武教授，广西艺术学院建筑艺术学院黄文宪教授，华蓝设计（集团）有限公司蒋伯宁顾问总建筑师，重庆大学建筑学院丁小中教授提出的宝贵意见。

感谢华蓝设计（集团）有限公司为我提供了一个高层次的建筑创作实践平台，让我有幸参与众多的建筑创作实践，公司的前辈建筑师们数十年来的优秀实践工程也为我的论文提供了众多的素材，丰富了本书的内容；感谢蒋伯宁、周叱、王振宇、陈安、艾治国等领导在建筑创作上给予我的悉心指导和帮助；感谢曾与我在建筑创作一线共同奋战的李涛、谭芳、马玉红、韦贤宁、潘琳、周东泉、蒋诗贤、杜泰阳、马武坚等同人在建筑创作过程中所给予的支持和帮助。

感谢华蓝设计（集团）有限公司研究院徐洪涛总建筑师、时境设计卜骁骏建筑师、广西艺术学院建筑艺术学院陈罡老师、广西科技大学土木建筑工程学院刘晶老师、桂林理工大学刘兆雅老师、桂林市建筑设计院易春城建筑师、韦纲摄影师、广西美术出版社陈先卓编辑为本书提供的宝贵资料。

感谢广西艺术学院建筑学院硕士研究生邓文祺、徐元伟、王恬、秦颖、张伟、王枭萌、韦卓秀、唐夏、何溪窈、吴丁、梁潇予、相霜、张烨、黄惠善为本书绘制了相关资料图。

本书中的部分图片来自于互联网及已出版的专业书籍、期刊，还有许多年代久远的珍贵历史资料，难以找到原作者，在此一并致谢。

由于作者的水平有限，本书尚存不少疏漏及需改善之处，敬请专家学者指正。